国家示范性高职高专规划教材·机械基础系列

机械制图及 AutoCAD 习题集

宋金虎　主编

陈伟栋　主审

清华大学出版社

北京交通大学出版社

·北京·

内 容 简 介

本书与宋金虎主编的《机械制图及AutoCAD》教材配套使用。本书内容包括"平面图形的绘制""点、直线、平面投影的绘制""立体投影及其表面交线的绘制""组合体视图的绘制与识读""轴测投影图的绘制""机件表达方法的应用""标准件和常用件的绘制""零件图的绘制与识读""装配图的绘制与识读"9个项目。全书采用现行的"技术制图""机械制图"系列国家标准及《CAD工程制图规则》等与制图有关的其他国家标准。

本书既可作为高等职业技术院校机械类和近机类各专业的教材,又可作为其他专业及相关专业岗位培训教材,也可作为从事机械工程的科技人员的参考书。

本书封面贴有清华大学出版社防伪标签,无标签者不得销售。
版权所有,侵权必究。侵权举报电话: 010-62782989 13501256678 13801310933

图书在版编目(CIP)数据

机械制图及 AutoCAD 习题集/宋金虎主编. ——北京:北京交通大学出版社:清华大学出版社,2020.3
(国家示范性高职高专规划教材·机械基础系列)
ISBN 978-7-5121-4122-3

Ⅰ.① 机… Ⅱ.① 宋… Ⅲ.① 机械制图-AutoCAD 软件-高等职业教育-习题集 Ⅳ.① TH126-44

中国版本图书馆 CIP 数据核字(2019)第 298520 号

机械制图及 AutoCAD 习题集
JIXIE ZHITU JI AutoCAD XITIJI

责任编辑:	韩素华
出版发行:	清 华 大 学 出 版 社　邮编:100084　电话:010-62776969
	北京交通大学出版社　邮编:100044　电话:010-51686414
印 刷 者:	北京鑫海金澳胶印有限公司
经　　销:	全国新华书店
开　　本:	260 mm×185 mm　印张:10.5　字数:137 千字
版　　次:	2020 年 3 月第 1 版　2020 年 3 月第 1 次印刷
书　　号:	ISBN 978-7-5121-4122-3/TH·255
印　　数:	1~3 000 册　定价:35.00 元

本书如有质量问题,请向北京交通大学出版社质监组反映。对您的意见和批评,我们表示欢迎和感谢。
投诉电话: 010-51686043, 51686008; 传真: 010-62225406; E-mail: press@bjtu.edu.cn。

前　言

本书是根据教育部最新的《高职高专工程制图课程教学基本要求（机械类专业）》培养目标，汲取近几年职业教育机械制图及 AutoCAD 课程教学改革的成功经验编写而成的。

本书内容包括"平面图形的绘制""点、直线、平面投影的绘制""立体投影及其表面交线的绘制""组合体视图的绘制与识读""轴测投影图的绘制""机件表达方法的应用""标准件和常用件的绘制""零件图的绘制与识读""装配图的绘制与识读"9 个项目。全书采用现行的"技术制图""机械制图"系列国家标准及《CAD 工程制图规则》（GB/T 18229—2000）等与制图有关的其他国家标准。

在编写本教材时，编者从职业教育的实际出发，以培养学生绘制和阅读工程图样为目的，从工科学生就业岗位的实际出发，力求突出高职高专教育特色，全面提升学生的识图制图能力。

本书既可作为高等职业技术院校机械类和近机类各专业的教材，又可作为其他专业及相关专业岗位培训教材，也可作为从事机械工程的科技人员的参考书。

本书由山东交通职业学院宋金虎担任主编，项目一由温红编写，项目二由孙丽萍编写，项目三由鲍梅连编写，项目四由赵建波编写，项目五由包君编写，项目六由赵情编写，项目七、项目八、项目九由宋金虎编写并由他负责全书的统稿、定稿。全书由陈伟栋主审，他仔细地审阅了全稿，并提出了许多宝贵的修改意见，在此表示衷心的感谢。

本书在编写过程中，参考了许多文献资料，编者谨向这些文献资料的编著者和支持编写工作的单位及个人表示衷心的感谢。由于编者水平有限，编写中难免有谬误和欠妥之处，恳切希望使用本书的广大师生与读者批评指正，以求改进。

编　者

2019 年 11 月

目　　录

项目一　平面图形的绘制 ………………………………………………………………………… 1

项目二　点、直线、平面投影的绘制 …………………………………………………………… 13

项目三　立体投影及其表面交线的绘制 ………………………………………………………… 19

项目四　组合体视图的绘制与识读 ……………………………………………………………… 25

项目五　轴测投影图的绘制 ……………………………………………………………………… 28

项目六　机件表达方法的应用 …………………………………………………………………… 31

项目七　标准件和常用件的绘制 ………………………………………………………………… 43

项目八　零件图的绘制与识读 …………………………………………………………………… 51

项目九　装配图的绘制与识读 …………………………………………………………………… 57

项目一　平面图形的绘制

1. 在指定位置按示范图线抄画下列各种图线。

   （1）

   （2）

2. 在右边画出与左边对应的图线。

   （1）

   （2）

班级_____姓名_____

3. 画箭头并填写线性尺寸数字。

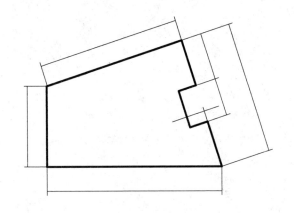

4. 画箭头并填写角度尺寸数字。

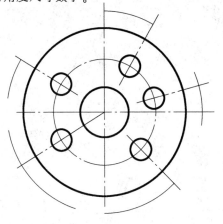

5. 标注圆或圆弧的尺寸。

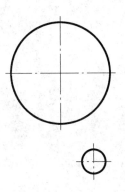
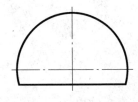

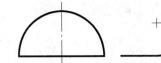
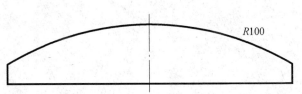

班级_____ 姓名_____

6.尺寸注法（找出图中尺寸标注的错误，并在相应的图上正确标注）。

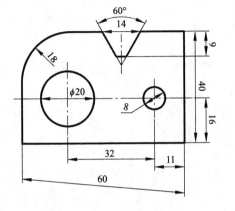
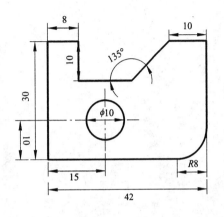
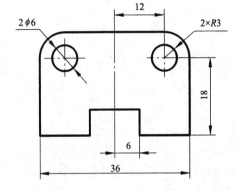
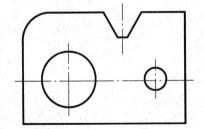
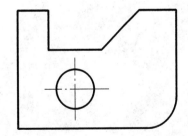
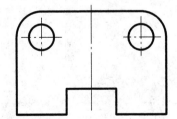

7.几何作图(用给定的尺寸按1:1比例绘制图形)。

(1)

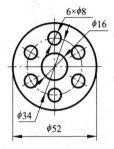

(2)

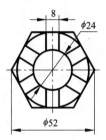

(3)

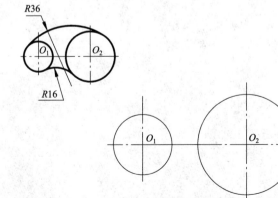

(4)

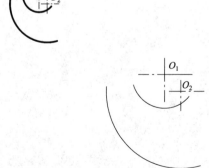

班级_____ 姓名_____

(5)

(6)

班级_____姓名_____

8. 斜度与锥度作图（用给定的尺寸按1:1比例绘制图形）。

（1）按1:1抄画并标注斜度。

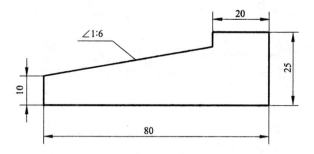

（2）按1:1抄画并标注锥度。

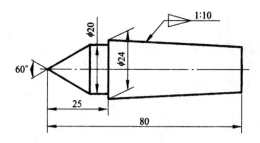

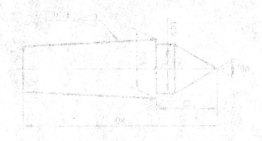

9.平面图形分析。

(1)指出下列两个图形横竖两个方向的尺寸基准,哪些尺寸是定形尺寸,哪些尺寸是定位尺寸。

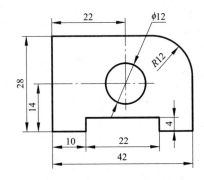

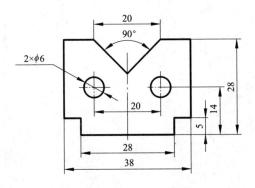

(2)指出图中的尺寸基准及定形、定位尺寸,确定线段性质,拟出作图顺序,并在空白处按图中注出的尺寸作出图形。

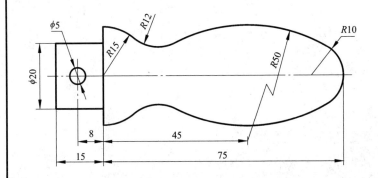

作业1 线型

一、目的

1. 熟悉图纸幅面的大小，掌握图框及标题栏的画法。
2. 熟悉主要线型的形式、规格及其画法。
3. 学会长仿宋体字、数字、字母的正确书写方法。
4. 掌握与本次作业有关的几何作图方法。
5. 掌握尺寸界线、尺寸线、箭头的画法及尺寸数字的注写规则，学会常用尺寸的标注方法。
6. 基本掌握常用绘图工具的使用方法及绘图仪器的操作方法和技能。

二、内容和要求

1. 绘制图框和标题栏，并按示范图例绘制各种图线。
2. 用A4图纸，竖放，不标注尺寸，比例1∶1。

三、绘图步骤

1. 画图框。
2. 在右下角画标题栏。
3. 按图例所注尺寸作图。
4. 校对底稿，擦去多余图线。

四、注意点

1. 粗实线的宽度建议采用0.7 mm，细线宽0.2～0.3 mm。
2. 尺寸数字采用3.5号字，箭头宽约0.7 mm，长3～4 mm。
3. 各种图线的相交画法应符合要求。
4. 填写标题栏。图名：线型练习；图号：01.01；在相应栏内填写：姓名、班级、学号、比例、日期等内容。

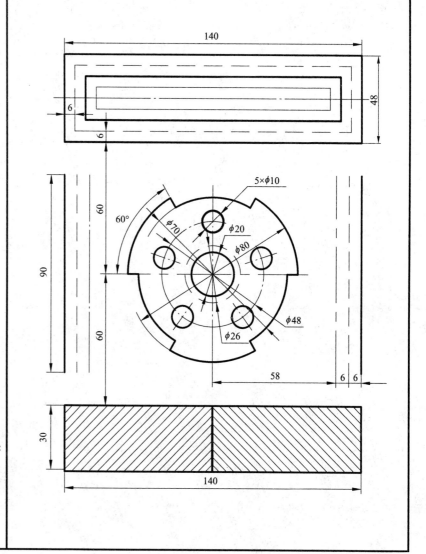

班级_____ 姓名_____

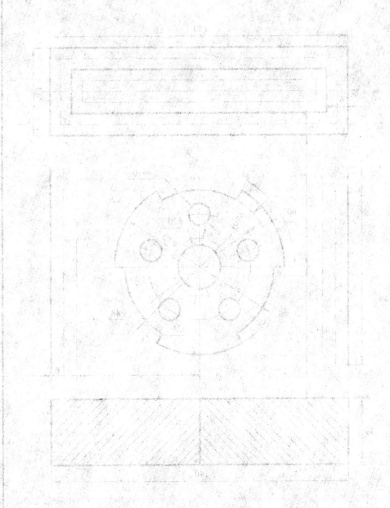

作业2 平面图形

一、目的
1. 熟悉平面图形的绘制步骤和尺寸标注。
2. 掌握线段连接方法及技巧。

二、内容及要求
1. 按教师指定的题号绘制平面图形,并标注尺寸。
2. 用A4图纸,自定绘图比例。

三、作图步骤
1. 分析图形:看懂图形的构成,分析图形中的尺寸和线段,确定作图步骤。
2. 画底稿:
（1）画图框和标题栏;
（2）画作图基准线;
（3）按已知线段、中间线段、连接线段的顺序,画出图形;
（4）画尺寸界线、尺寸线。
3. 检查底稿,擦去多余线条。
4. 描深图形。
5. 画箭头,注写尺寸数字,填写标题栏。
6. 校对,修饰图面。

四、注意点
1. 布图时应留足标注尺寸的位置,使图形布置匀称。
2. 画底稿上的连接线段时,应准确找出圆心和切点。
3. 描深时,同类线型同时描深,使其粗细一致,连接光滑。
4. 箭头应符合规定,尺寸注法应正确、完整。

(1)

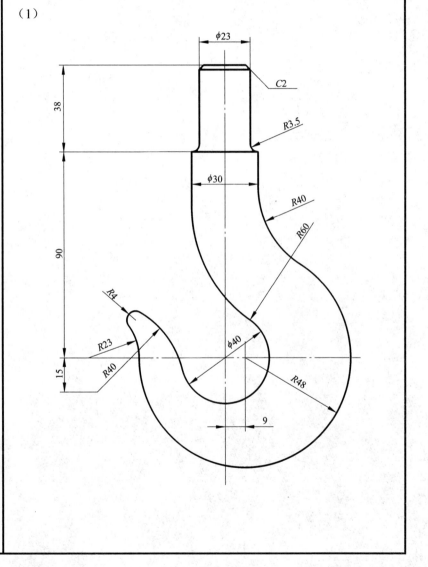

班级_____姓名_____

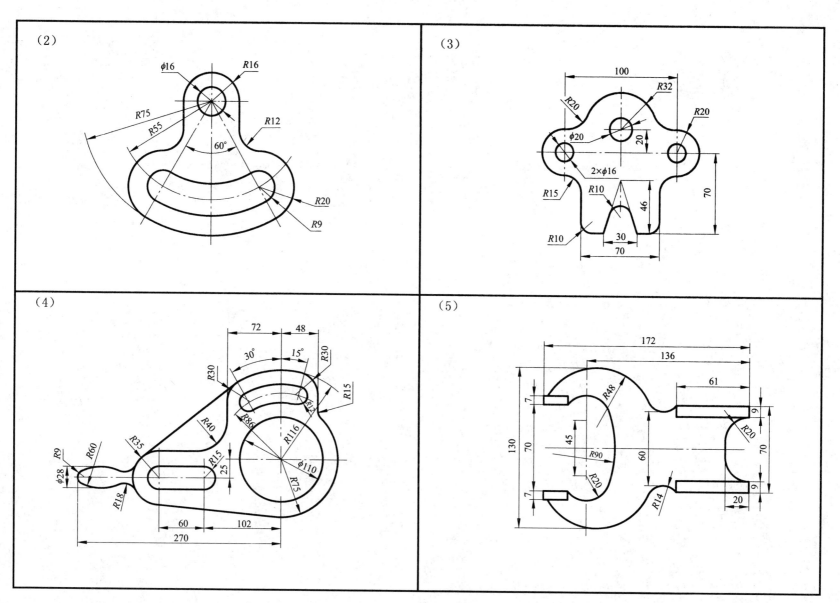

班级_____姓名_____

项目二　点、直线、平面投影的绘制

1. 按立体图作各个点的两面投影。

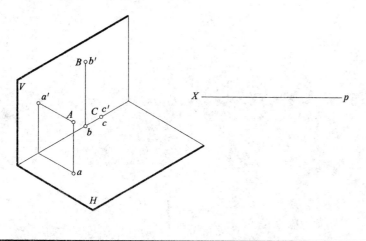

2. 已知点A在V面之前36，点B在H面之上10，点C在V面上，点D在H面上，点E在投影轴上，补全各点的两面投影。

3. 按立体图作各点的三面投影。

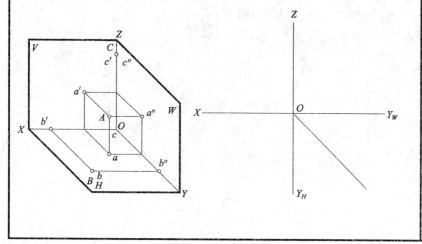

4. 作各点的三面投影：$A(25, 15, 20)$，$B(20, 10, 15)$，点C在点A之左10，点A之前15，点A之上12。

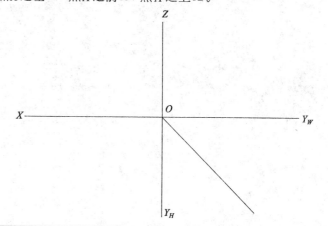

5. 已知点的两面投影，求作它们的第三投影。

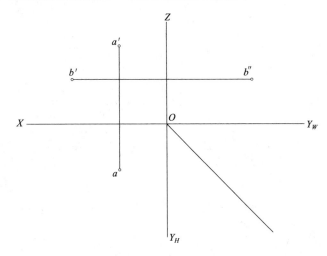

6. 已知点B距离点A为15，点C与点A是V面的重影点，点D在点A的正下方距离点A20。补全各点的三面投影，并表明可见性。

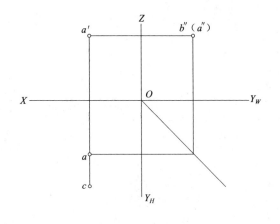

7. 判断下列直线相对投影面的位置。

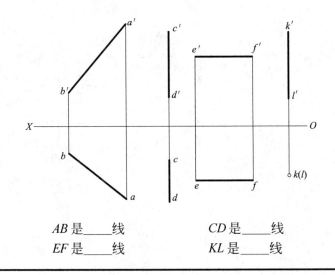

AB是____线　　　　CD是____线
EF是____线　　　　KL是____线

8. 补画直线的第三投影，并判断其相对投影面的位置。

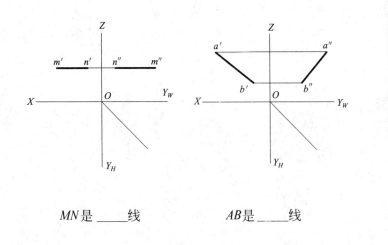

MN是____线　　　　AB是____线

9. 试判断点K是否在直线AB上，点M是否在直线CD上。

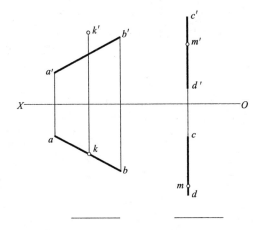

10. 过点M作直线MK与直线AB平行并与直线CD相交。

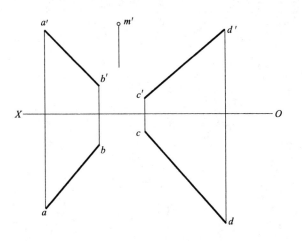

11. 作交叉直线AB、CD的公垂线EF。

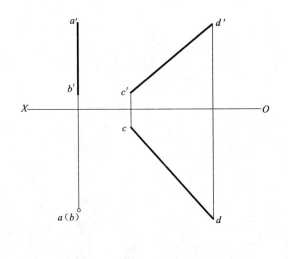

12. 判断并填写两直线的相对位置。

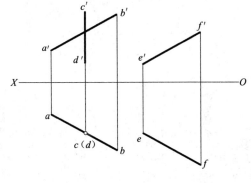

AB、CD _____

AB、EF _____

CD、EF _____

13. 判断点K和直线MS是否在△MNT平面上。

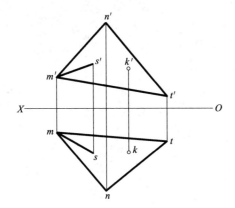

点K_____△MNT平面上
直线MS_____△MNT平面上

14. 判断点A、B、C、D是否在同一平面上。

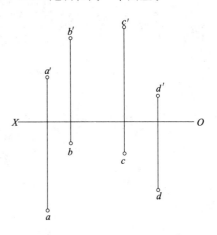

四点_____同一平面上

15. 点D属于平面ABC，求其另一投影。

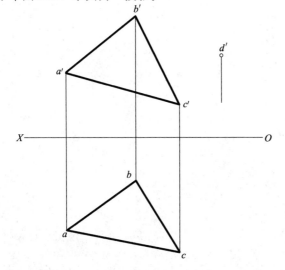

16. 补全平面图形PQRST的两面投影。

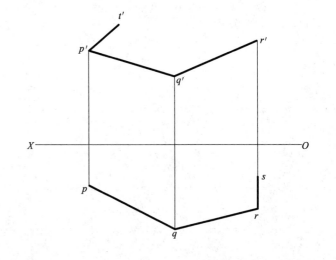

17. 作出 □ABCD 上的 △EFG 的正面投影。

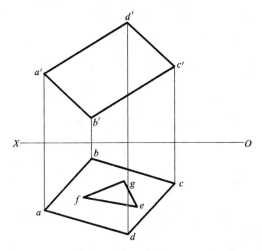

18. 过点A作属于平面△ABC的水平线。

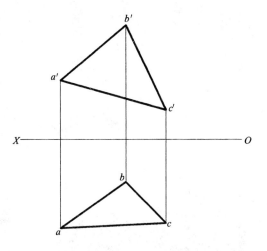

19. 标注A、B、C三面在另两视图中的投影，并填空说明它们相对投影面的位置。

A面是_____

B面是_____

C面是_____

20. 标注A、B、C三面在另两视图中的投影，并填空说明它们相对投影面的位置。

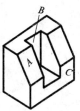

A面是_____

B面是_____

C面是_____

21. 标注A、B、C三面在另两视图中的投影,并填空说明它们相对投影面的位置。

A面是_____

B面是_____

C面是_____

22. 标注A、B、C三面在另两视图中的投影,并填空说明它们相对投影面的位置。

A面是_____

B面是_____

C面是_____

23. 标注A、B、C、D四面在另两视图中的投影,并填空说明它们相对投影面的位置。

 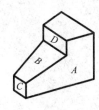

A面是_____

B面是_____

C面是_____

D面是_____

24. 完成轴测图上所标注各直线、平面的各面投影,并填空说明它们相对投影面的位置。

 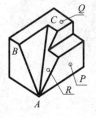

AB为____线,P为____面

AC为____线,Q为____面

BC为____线,R为____面

项目三　立体投影及其表面交线的绘制

1. 分析下列三视图，填写各点所在的位置。

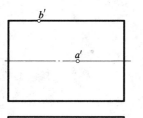

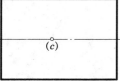

点A在_____素线上；
点B在_____素线上；
点C在_____素线上。

2. 分析下列三视图，填写各点所在的位置。

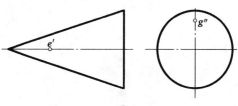
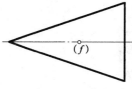

点E在_____素线上；
点F在_____素线上；
点G在_____素线上。

3. 分析下列三视图，填写各点所在的位置。

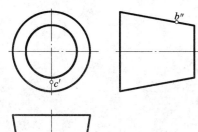
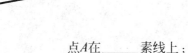

点A在_____素线上；
点B在_____素线上；
点C在_____素线上。

4. 分析下列三视图，填写各点所在的位置。

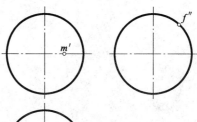
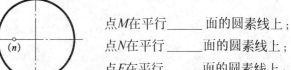

点M在平行_____面的圆素线上；
点N在平行_____面的圆素线上；
点F在平行_____面的圆素线上。

5. 已知回转体表面上点、线的一面投影，作另两面投影。

6. 已知回转体表面上点、线的一面投影，作另两面投影。

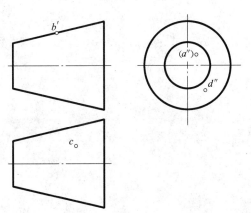

7. 已知回转体表面上点、线的一面投影，作另两面投影。

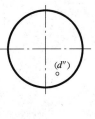
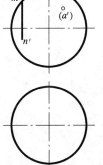

8. 平面体的截交线（作平面体截交线的投影，并完成三视图）。

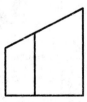

9. 平面体的截交线（作平面体截交线的投影，并完成三视图）。

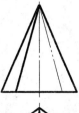

10. 平面体的截交线（作平面体截交线的投影，并完成三视图）。

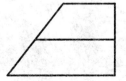

11. 平面体的截交线（作平面体截交线的投影，并完成三视图）。

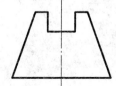

12. 回转体的截交线（作回转体截交线的投影，并完成三视图）。

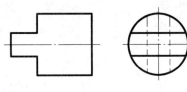
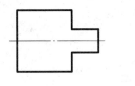
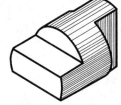

13. 回转体的截交线（作回转体截交线的投影，并完成三视图）。

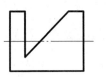

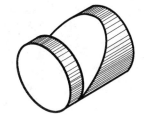

14. 回转体的截交线（作回转体截交线的投影，并完成三视图）。

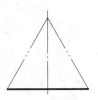

15. 回转体的截交线（作回转体截交线的投影，并完成三视图）。

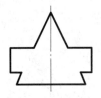

班级_____ 姓名_____

16. 分析下列各平面立体的截交线，并补全平面立体的三面投影。

(1) 补画俯视图。

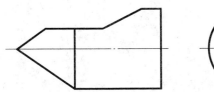

(2) 补画左视图。

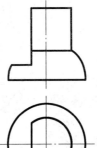

(3) 补全主视图。

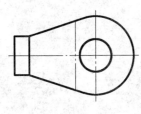 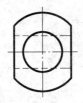

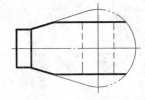

(4) 补画主视图。

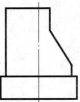

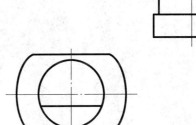

17. 分析下列各曲面立体的贯穿线，并补全各图投影。
（1）补全主视图中的缺线。

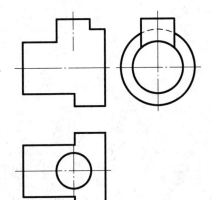

（2）画出俯视图，并补全主视图中的缺线。

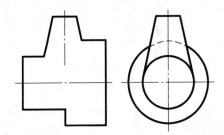

（3）画出俯视图，并补全左视图中的缺线。

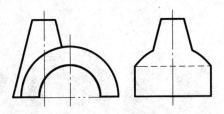

（4）补全主、俯视图中的缺线。

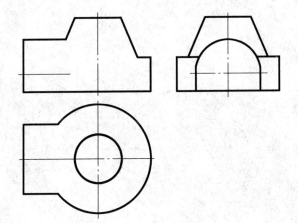

项目四 组合体视图的绘制与识读

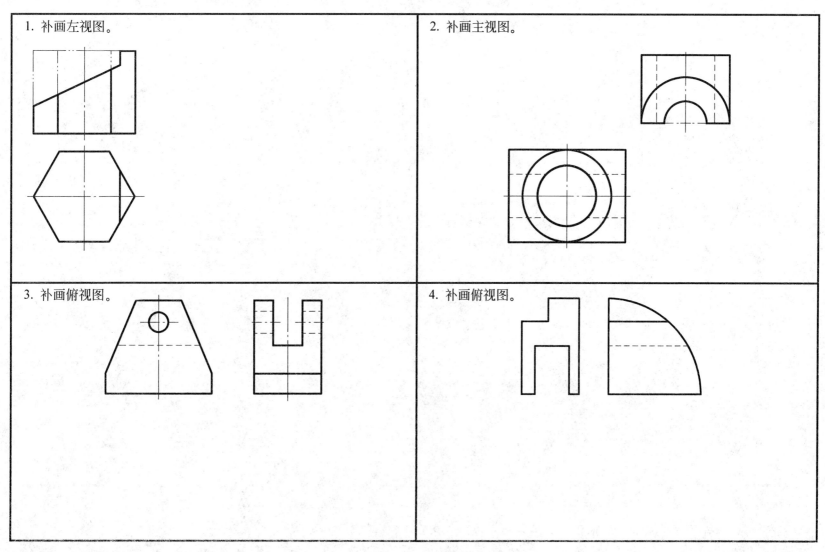

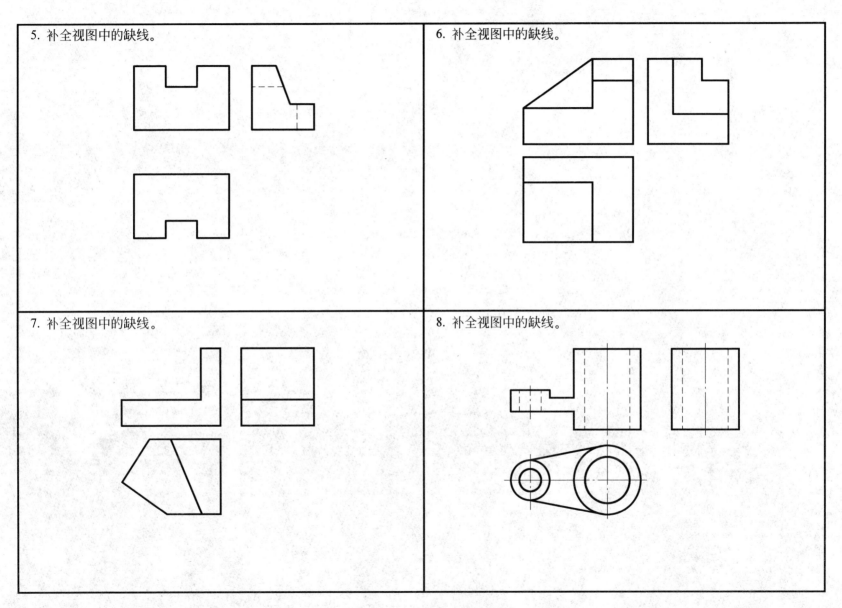

9. 补全视图中的缺线。

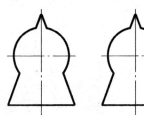

10. 给下图所示组合体标注尺寸。

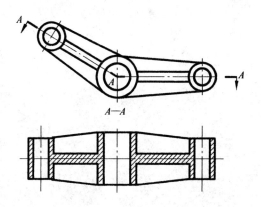

11. 给下图所示相贯体标注尺寸。

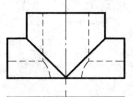

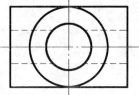

12. 补画俯视图。

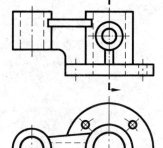
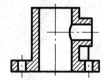
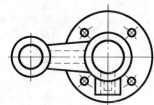

项目五 轴测投影图的绘制

1. 根据三视图画出正等轴测图（尺寸从图中量取）。

2. 根据三视图画出正等轴测图（尺寸从图中量取）。

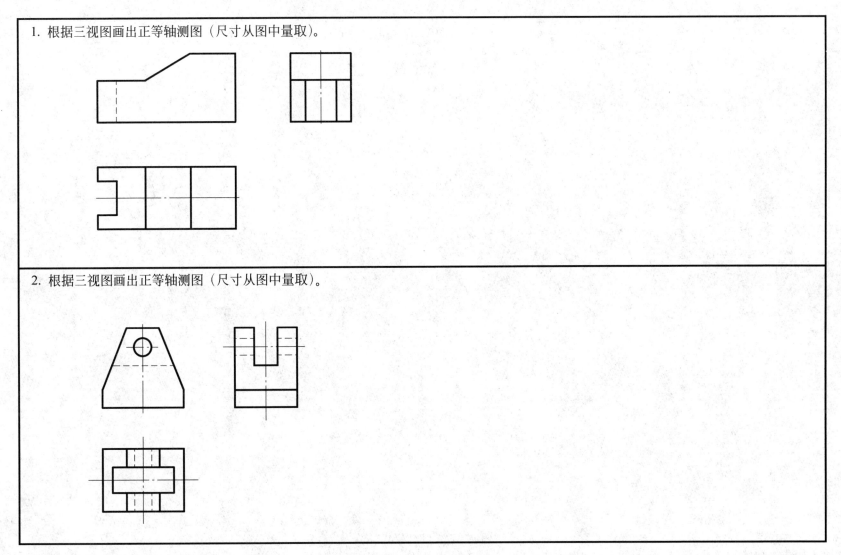

3. 根据三视图画出正等轴测图（尺寸从图中量取）。

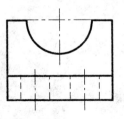

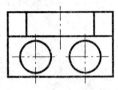

4. 根据三视图画出正等轴测图（尺寸从图中量取）。

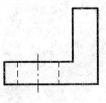

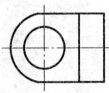

5. 根据轴测图，按1∶1比例（尺寸从图中读取）画出组合体的三视图，并标注尺寸。

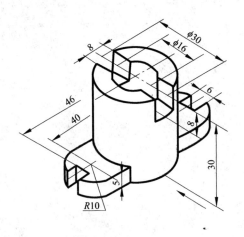

6. 根据下面两个视图，画出物体的左视图及斜二等轴测图（尺寸从图中量取）。

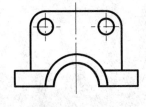

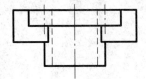

7. 根据下面两个视图，画出物体的斜二等轴测图（尺寸从图中量取）。

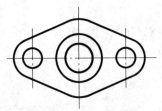

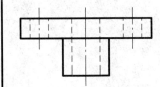

项目六 机件表达方法的应用

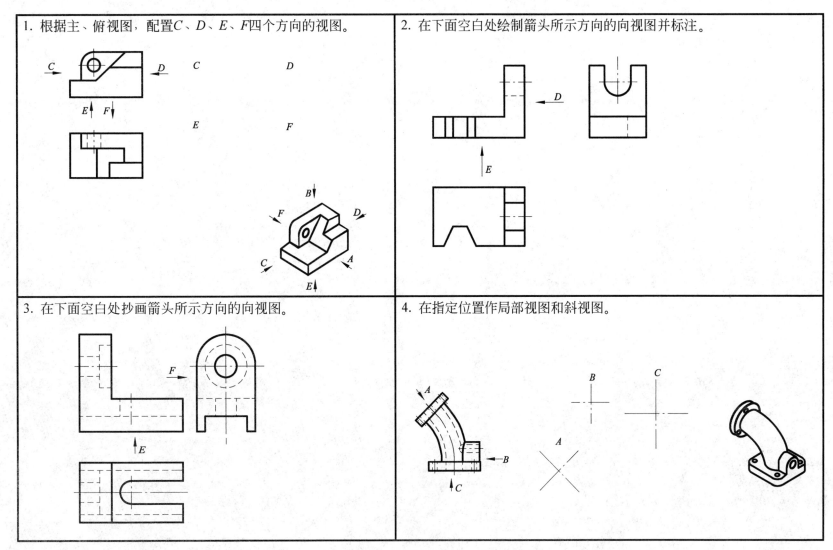

5. 对照轴测图补画斜视图和局部视图并标注。

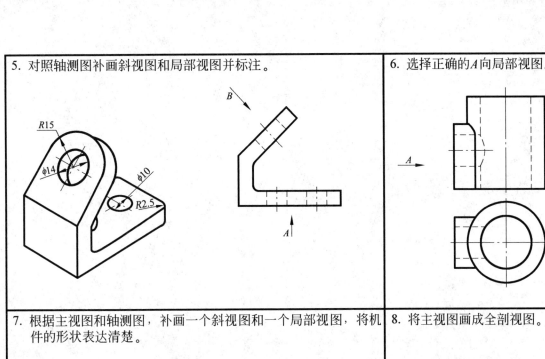

6. 选择正确的A向局部视图。

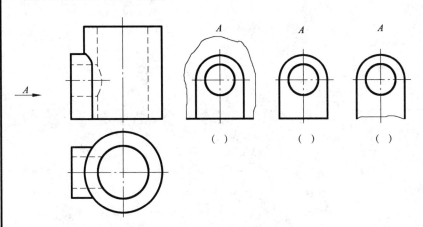

( )　　( )　　( )

7. 根据主视图和轴测图，补画一个斜视图和一个局部视图，将机件的形状表达清楚。

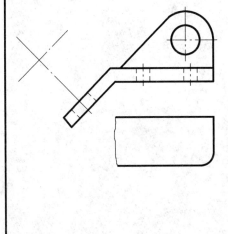

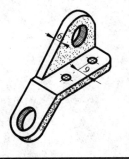

8. 将主视图画成全剖视图。

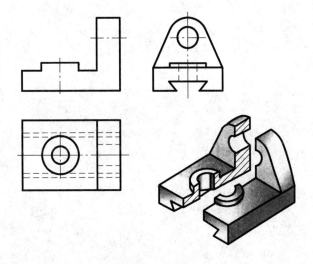

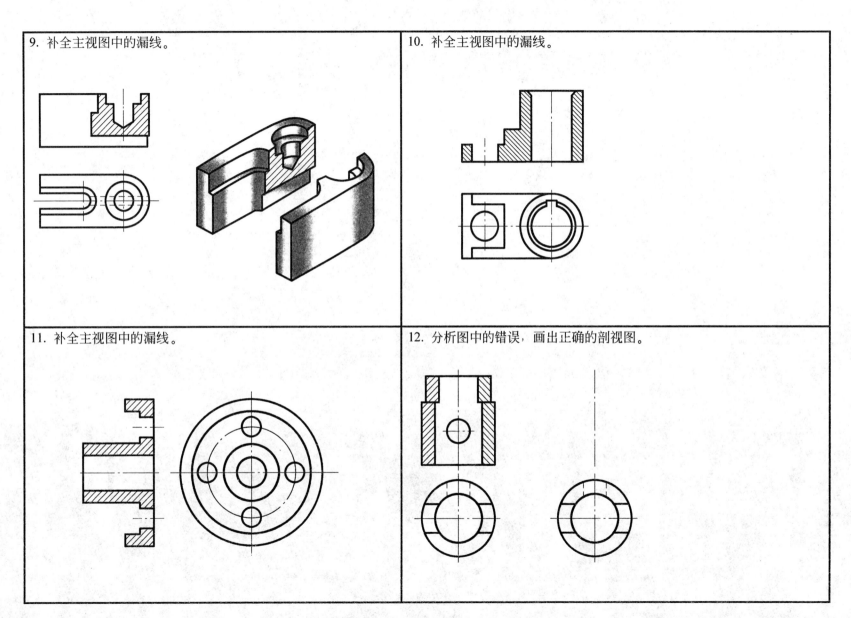

13. 将主视图改画为全剖视图。

14. 将主视图改画为半剖视图。

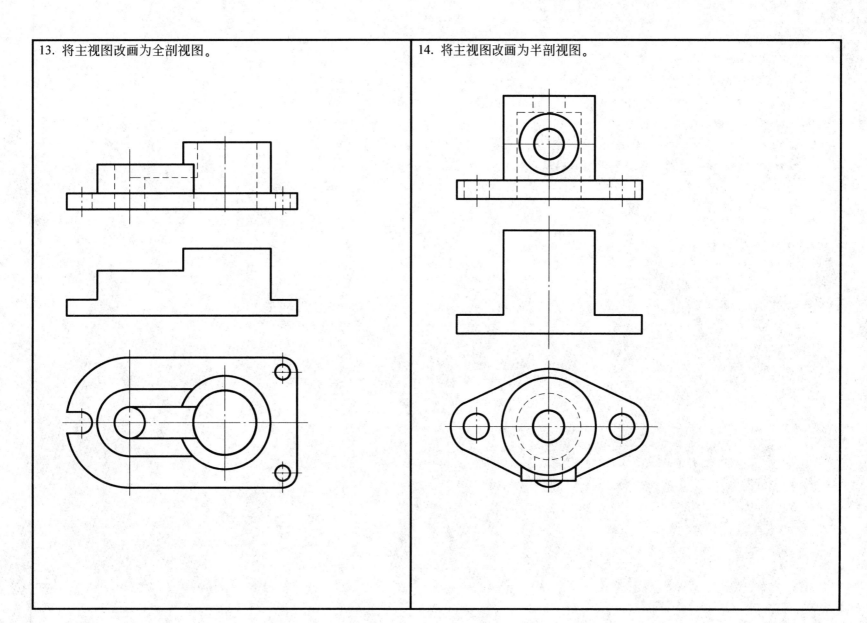

15. 将主视图画成半剖视图,左视图画出全剖视图。

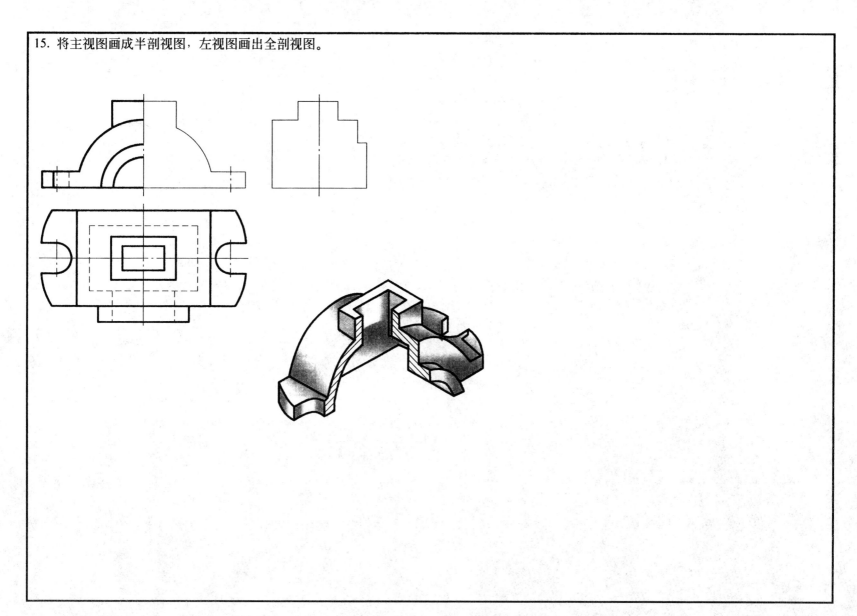

16. 选择正确的主视图。

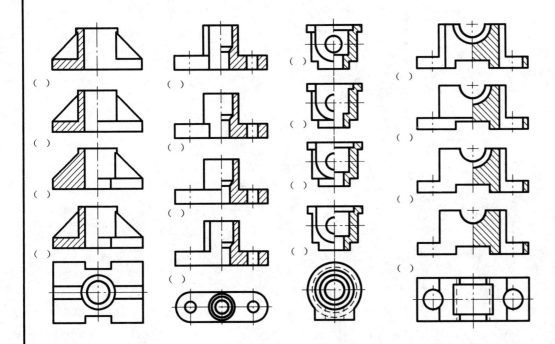

17. 将给出的视图改成局部剖视图。

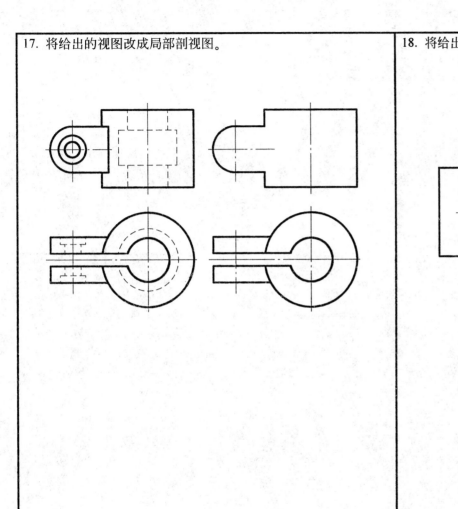

18. 将给出的视图改成局部剖视图。

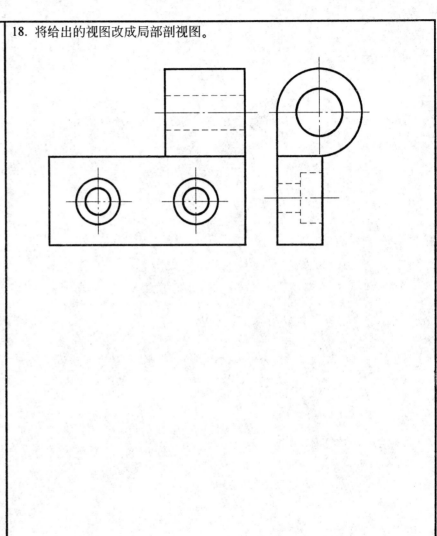

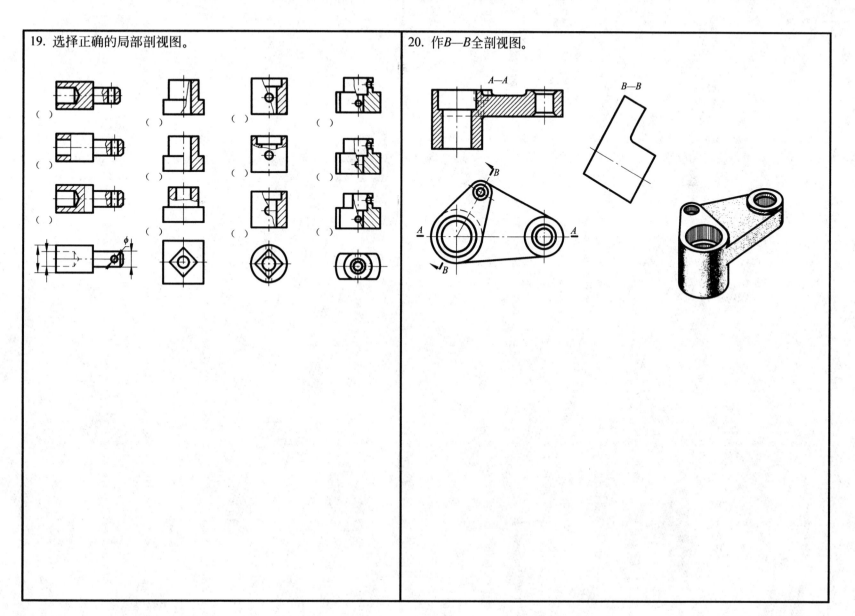

21. 作C—C全剖视图。

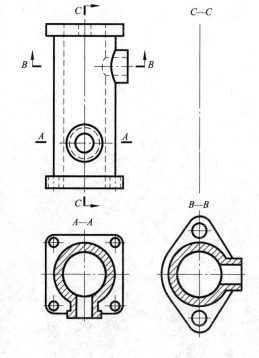

22. 用几个相交的剖切平面将主视图画成全剖视图。

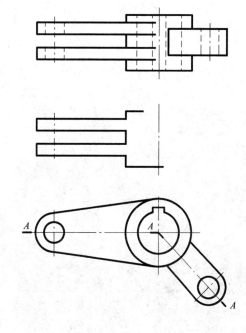

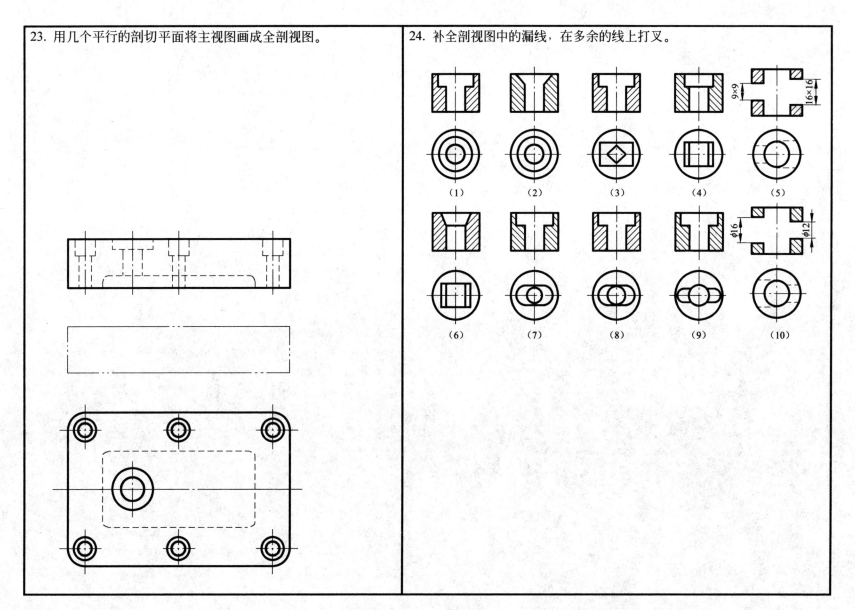

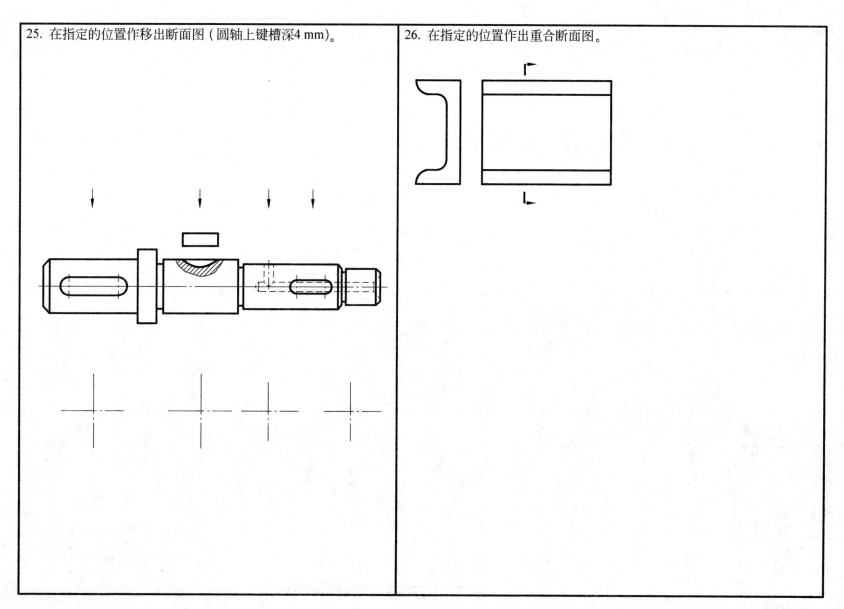

27. 在视图下方的断面图中选出正确的断面图形。

28. 找出对应的断面图，进行标注。

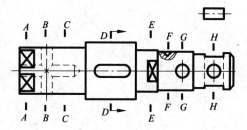
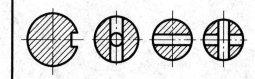
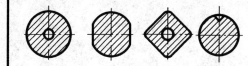

项目七 标准件和常用件的绘制

1. 分析螺纹画法中的错误，并在指定的位置作出正确的画法。

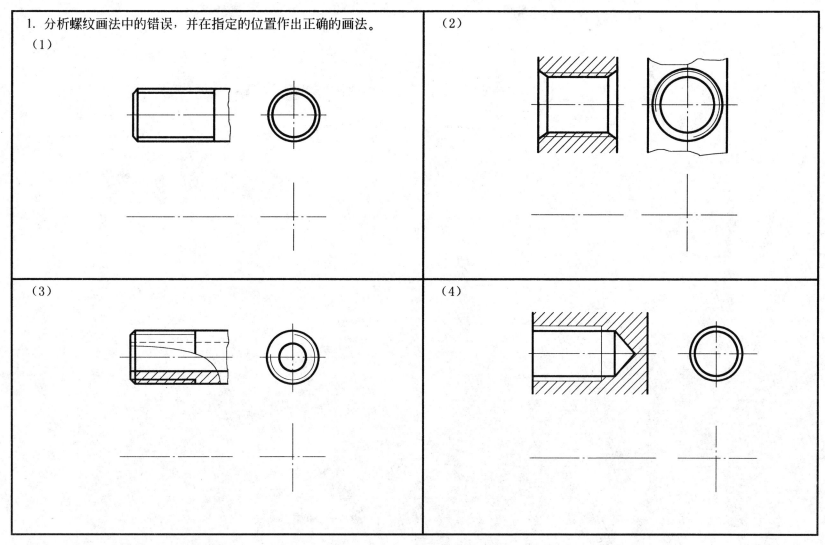

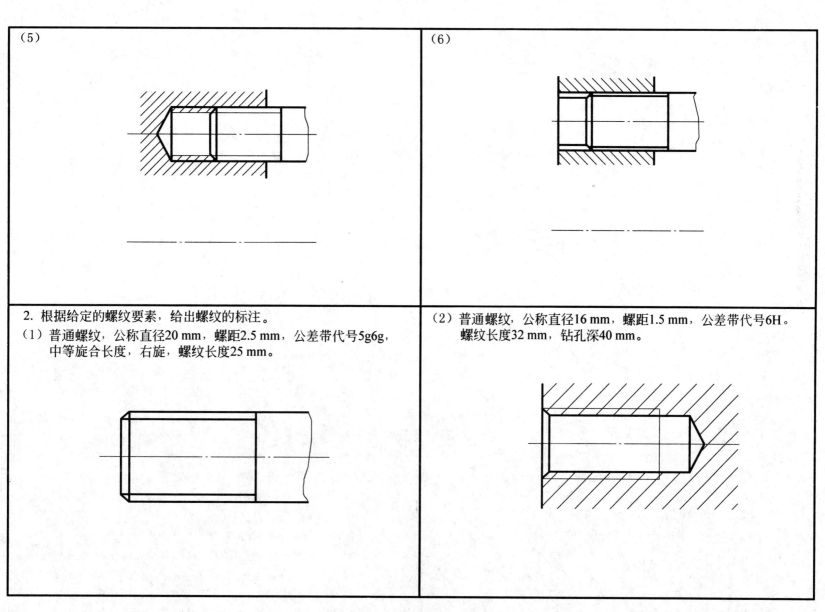

(3) 非螺纹密封的管螺纹，尺寸代号3/4。

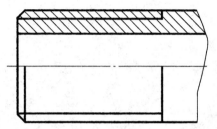

(4) 非螺纹密封的管螺纹，尺寸代号1/2，单线，左旋，螺纹长度25 mm。

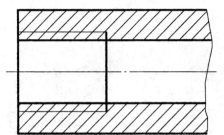

3. 补全直齿圆柱齿轮的主视图和左视图，并标注尺寸（$m=3$，$z=28$）。

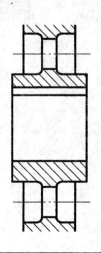
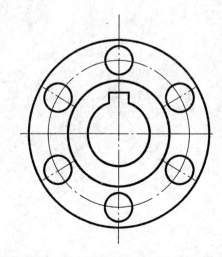

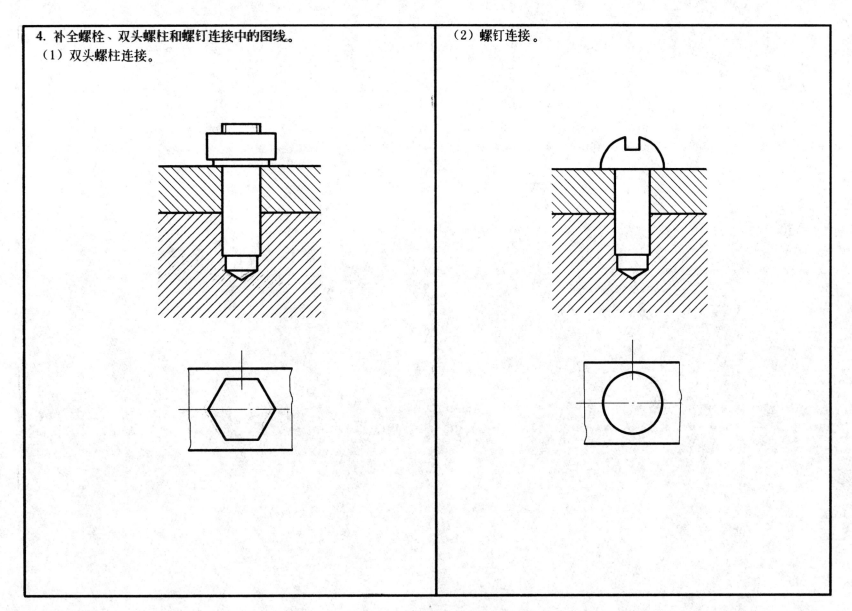

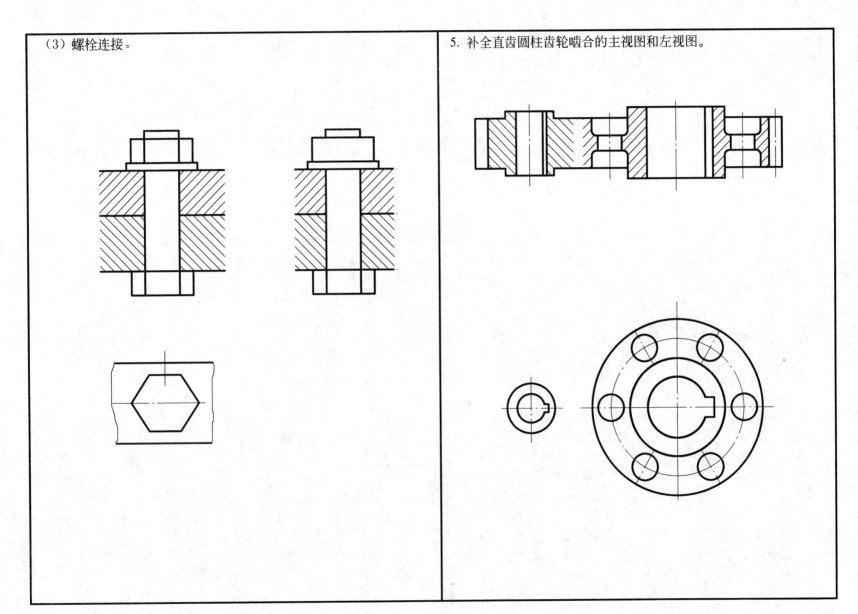

6. 完成一对直齿锥齿轮的啮合图。

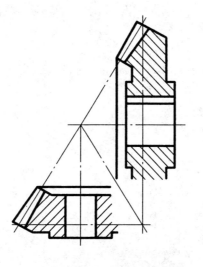
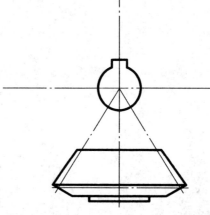

7. 齿轮和轴用直径为12 mm 的圆柱销连接，写出圆柱销的规定标记，并画全销连接的剖视图。

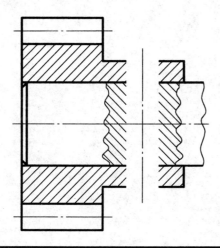

8. 根据已知条件查表，画出键、销的视图，并标注尺寸。
（1）键 12×8×40 GB/T 1096。

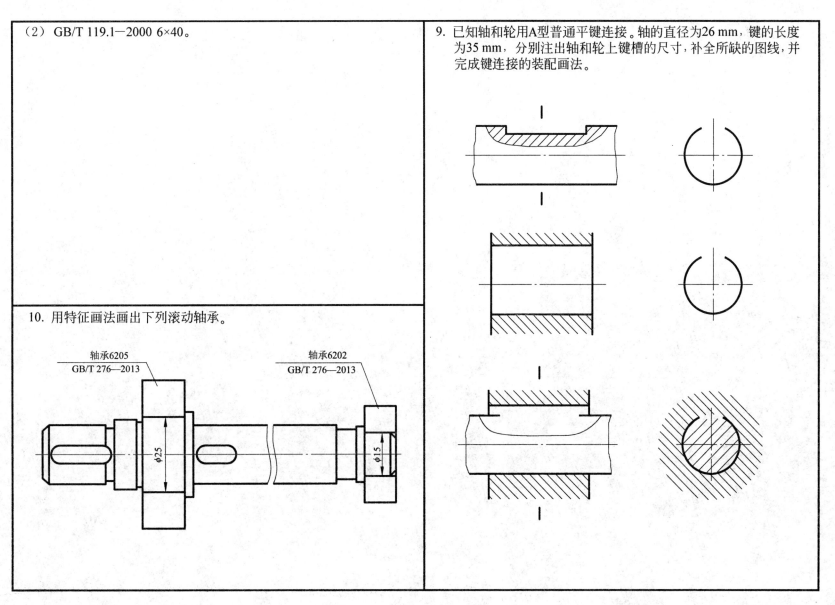

11. 用规定画法在轴端画出深沟球轴承，并写出滚动轴承的规定标记（2∶1）。

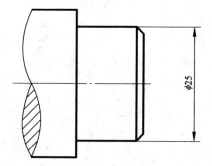

滚动轴承的标记：

12. 已知圆柱螺旋压缩弹簧的线径为5 mm，弹簧中径为40 mm，节距10 mm，弹簧自由长度为76 mm，支撑圈数为2.5，右旋。画出弹簧的全剖视图，并标注尺寸。

13. 指出下列弹簧的旋向。

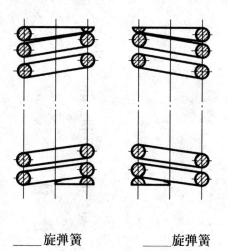

____旋弹簧　　　　　____旋弹簧

班级_____ 姓名_____

项目八　零件图的绘制与识读

1. 零件的工艺结构（补画视图中所缺漏的过渡线）。

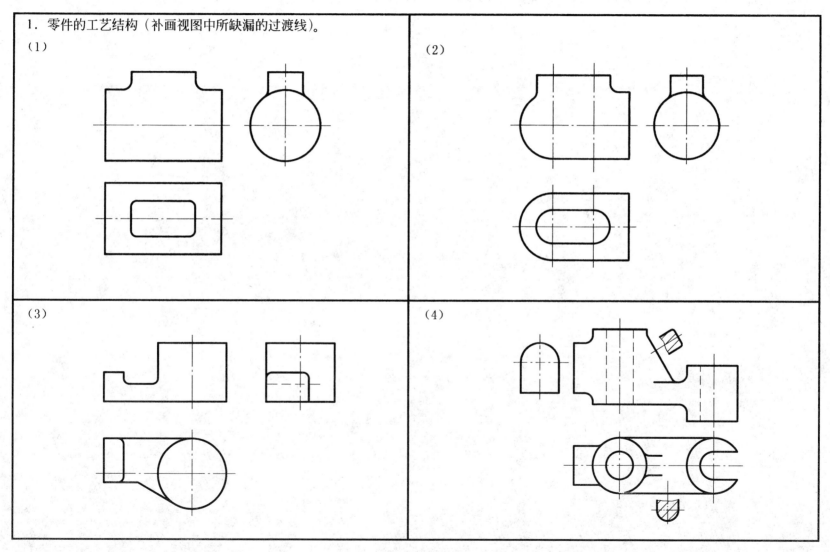

2. 将给出的表面粗糙度代号标注在图上。

(1) 孔 φ30H7 内表面 Ra 的上限值为 1.6 μm；键槽两侧面 Ra 的上限值为 3.2 μm；键槽顶面 Ra 的上限值为 6.3 μm；其余表面 Ra 的上限值为 12.5 μm。

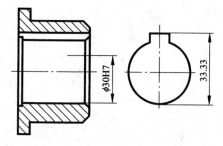

(2) φ15 mm 孔两端面 Ra 的上限值为 12.5 μm；φ15 mm 孔内表面 Ra 的上限值为 3.2 μm；底面 Ra 的上限值为 12.5 μm；其余均为非加工表面。

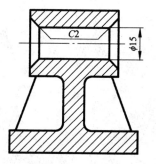

3. 根据所给定的表面粗糙度 Ra 值，用代号标注在图形上。

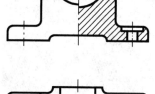

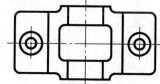

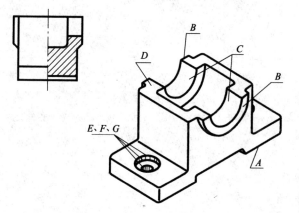

表 面	A、B	C	D	E、F、G
Ra /μm	12.5	3.2	6.3	25

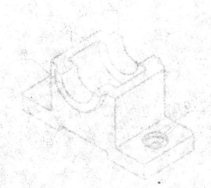

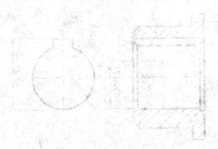

4. 根据装配图中所标注的配合代号，说明其配合的基准制、配合种类，并分别在相应的零件图上注写其基本尺寸和公差带代号。

（1）

$\phi15H7/g6$　基准制：_____
　　　　　　　配合种类：_____

$\phi25H7/p6$　基准制：_____
　　　　　　　配合种类：_____

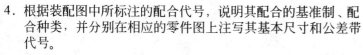

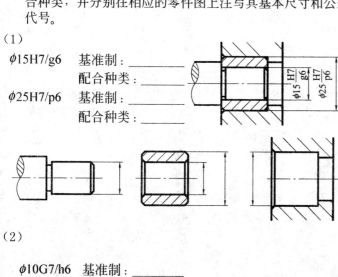

（2）

$\phi10G7/h6$　基准制：_____
　　　　　　　配合种类：_____

$\phi10N7/h6$　基准制：_____
　　　　　　　配合种类：_____

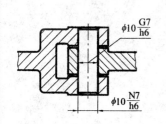

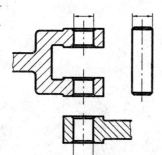

5. 已知孔和轴的基本尺寸为20，采用基轴制配合，轴的公差等级为IT7级，孔的基本偏差代号为F，公差等级为IT8。

（1）在相应的零件图上注出基本尺寸、公差带代号和偏差数值；
（2）在装配图中注出基本尺寸和配合代号；
（3）画出孔和轴的公差带图。

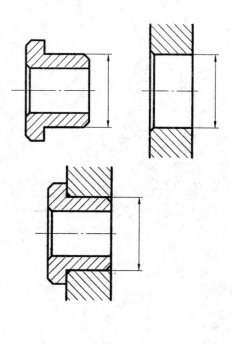

6. 用文字说明形位公差代号的含义。

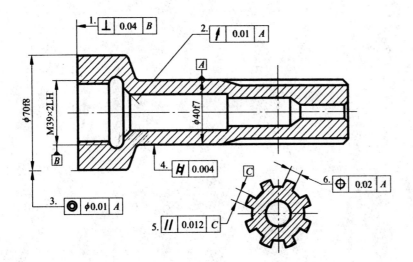

用文字说明：

1.

2.

3.

4.

5.

6.

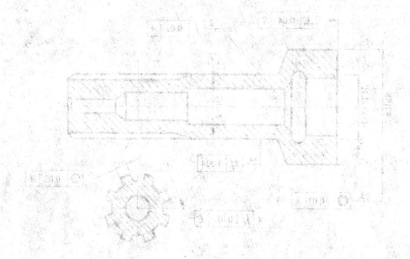

7. 读零件图，回答问题。

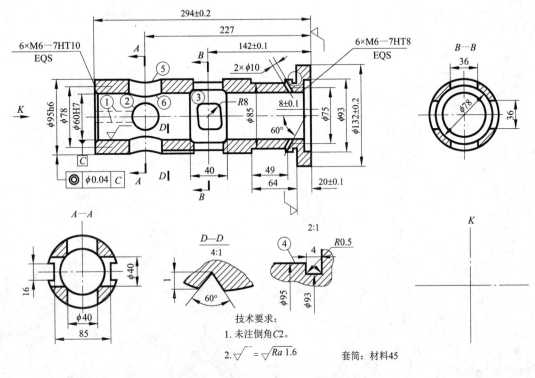

技术要求：
1. 未注倒角C2。
2. ∇ = ∇Ra 1.6

套筒：材料45

（1）轴向主要尺寸基准是＿＿＿＿＿＿＿＿＿，径向主要尺寸基准是＿＿＿＿＿＿＿＿＿＿。
（2）图中标有①的部位，两条虚线间的距离为＿＿＿；图中标有②的直径为＿＿＿；图中标有③的线框，其定形尺寸为＿＿＿，定位尺寸为＿＿＿；靠右端的2×φ10孔的定位尺寸为＿＿＿＿＿＿＿＿＿＿＿＿＿＿＿。
（3）最左端面的表面粗糙度为＿＿＿＿＿＿，最右端面的表面粗糙度为＿＿＿＿＿＿；局部放大图中④所指位置的表面粗糙度是＿＿＿＿。
（4）图中标有⑤的曲线是由＿＿＿＿＿＿与＿＿＿＿＿＿相交形成的＿＿＿＿＿＿＿＿＿＿。
（5）外圆面φ132±0.2最大可加工成＿＿＿＿＿＿＿＿，最小可加工成＿＿＿＿＿＿＿＿＿，公差为＿＿＿＿＿＿。
（6）补画K向局部视图。

8．读零件图，按要求完成下列问题。

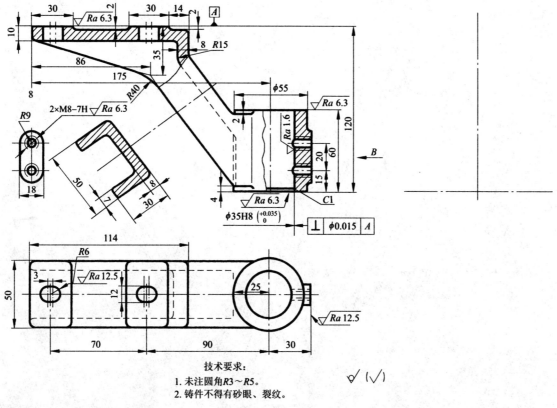

技术要求：
1. 未注圆角R3～R5。
2. 铸件不得有砂眼、裂纹。

（1）画出A—A断面图并补全B向视图（右视图）。
（2）在图中指引标出3个方向的主要尺寸基准。
（3）该图中的表面粗糙度共有____级，其中最光滑表面的Ra值为____。
（4）尺寸$\phi35H8$的标注中，"$\phi35$"表示____尺寸，"8"表示____代号。
（5）该零件选用的____比例、____材料。
（6）尺寸70、90属于____尺寸，50、114属于____尺寸。

项目九 装配图的绘制与识读

1. 读机用虎钳装配图,回答下列问题。
(1) 该装配件共由_____种零件组成。
(2) 该装配图共有___个视图,它们分别是_____、_____、_____、_____。
(3) 件9与件1是由_____连接的。
(4) 零件5上的两个小孔的作用是_____。

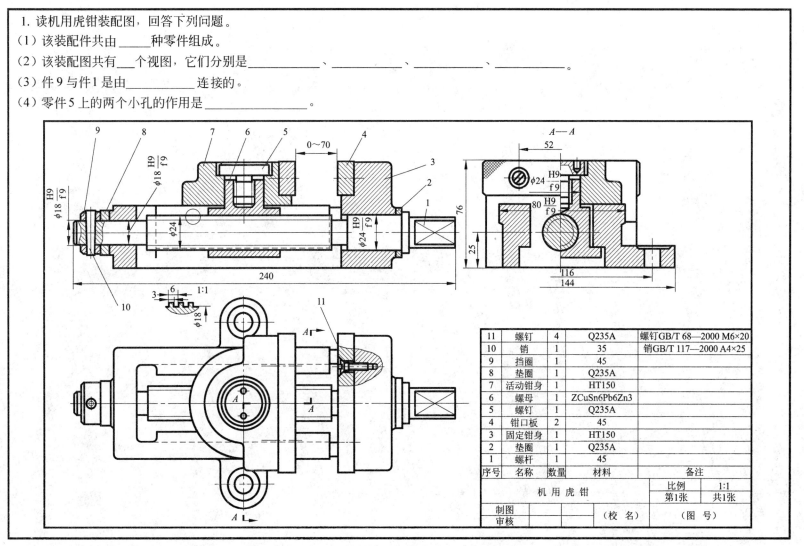

2. 读球阀装配图,回答下列问题。
(1) 该球阀装配件共由_____种零件组成。
(2) $\phi 20$ 表示_____尺寸,M36×2 是_____尺寸。
(3) $\phi 14 \frac{H11}{d11}$ 表示_____与_____之间的_____尺寸。
(4) 俯视图中双点画线所画位置表示_____。
(5) 球阀工作是由_____、_____、_____、_____实现通、闭的。
(6) 扳手的材料是_____。

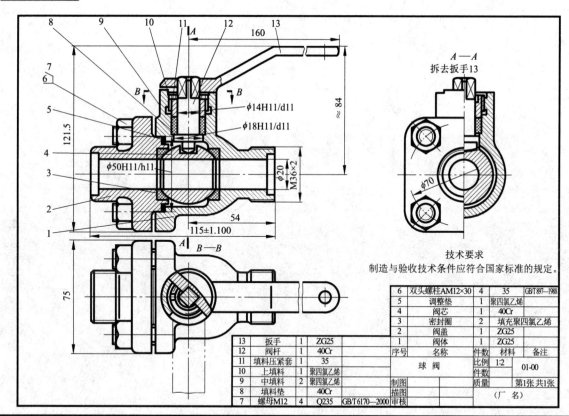

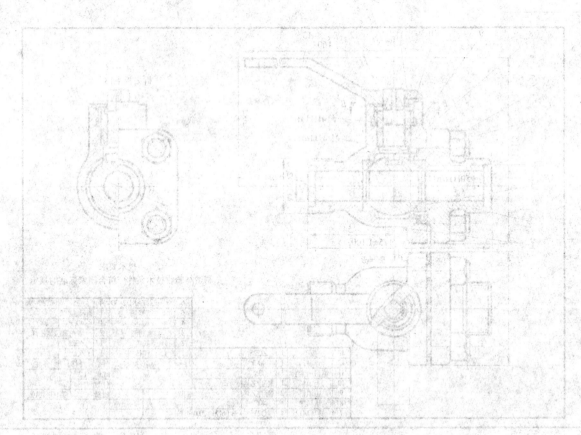

3. 读打印机装配图，回答下列问题。

（1）该装配图共有____个图形，它们分别是_____视图。

（2）尺寸160~185表示_____。

（3）零件1与零件4的材料是_____，零件2的材料是_____。

（4）图中共有____处标有配合尺寸，80 mm尺寸属于_____尺寸，152 mm尺寸属于_____尺寸。

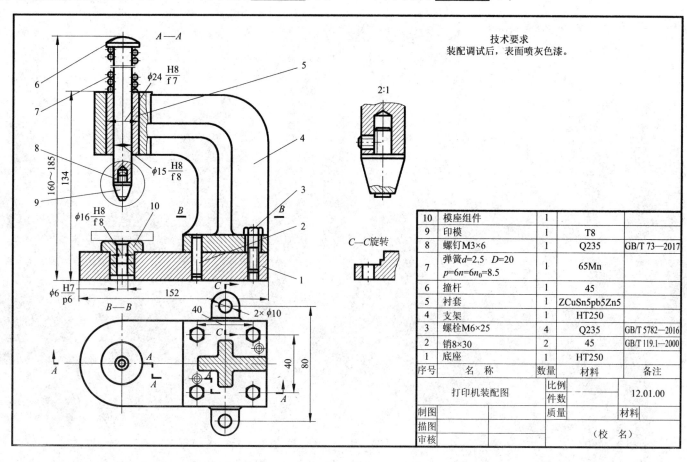

4. 极限与配合。

(1) 根据基本尺寸和公差带代号，查极限偏差表，填写表中内容。

基本尺寸及公差带代号	极限偏差	最大极限尺寸	最小极限尺寸	公差
φ50H7	φ50			
φ50f7	φ50			
φ30k6	φ30			
φ30s6	φ30			
φ50h6	φ50			
φ50G7	φ50			
φ30N7	φ30			
φ30U7	φ30			

(2) 根据零件图上的标注，查极限偏差表，并在装配图中注出基本尺寸和配合代号。

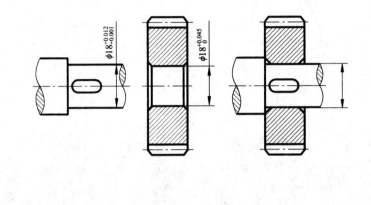

(3) 根据装配图中所注的基本尺寸和配合代号，说明其意义，并分别在相应的零件图上注出其基本尺寸和公差带代号。

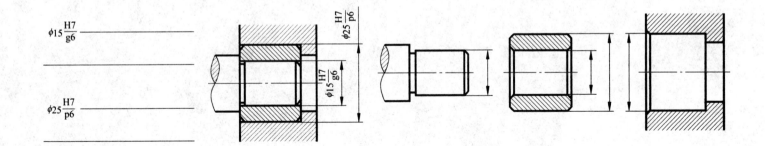

5. 极限与配合。

（1）指出尺寸公差标注的错误，并在下图中作正确标注。

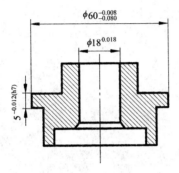

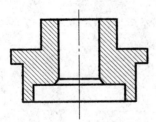

（2）在零件图上分别标注轴和孔的基本尺寸、公差带代号及偏差数值，并回答下列问题。

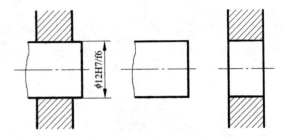

① 基本尺寸_____，基_____制_____配合。

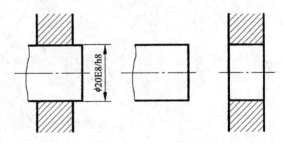

② 基本尺寸_____，基_____制_____配合。

6. 极限与配合。

解释图中配合代号的含义，查出偏差值并标注在右侧的零件图上。

（1）配合尺寸 $\phi32\dfrac{H7}{k6}$ 是_____制，孔的基本偏差代号为_____，公差等级为_____级，轴的基本偏差代号为_____，公差等级为_____级，它们是_____配合。

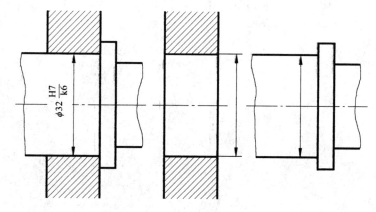

（2）齿轮和轴的配合尺寸 $\phi14\dfrac{K7}{h6}$ 是_____制，齿轮轴的基本偏差代号为_____，公差等级为_____级；孔的基本偏差代号为_____，公差等级为_____级，它们是_____配合。

（3）圆柱销和销孔的配合尺寸 $\phi5\dfrac{H7}{h6}$ 是_____制，孔的基本偏差代号为_____，公差等级为_____级；销的基本偏差代号为_____，公差等级为_____级，它们是_____配合。

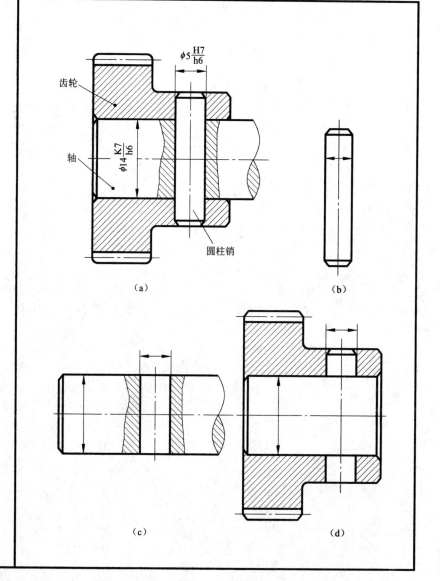

（a）　　（b）

（c）　　（d）

班级_____ 姓名_____

作业1 由零件图画装配图

（一）目的
学习装配图绘制方法和步骤，掌握画装配图的能力。
（二）要求
（1）掌握装配图的视图方案的选择。
（2）掌握装配图的画法与尺寸标注。
（3）进一步培养读零件图的能力，掌握常用件和标准件表示法及查表方法。
（三）内容
（1）绘制旋塞的装配草图。
（2）绘制铣刀头的装配图。
（四）步骤
（1）根据装配示意图的序号（对照立体图）了解各零件的作用和位置，区分一般零件和标准件，对装配件的功能进行粗略分析。
（2）读懂所给定零件图，搞清楚零件相对位置、配合关系和连接方法及其作用。搞清楚传动路线及工作原理。
（3）根据装配图的结构特点，选择主视图（一段表示主装线）及其他视图。
（4）拟定画装配图作图顺序，一般从主视图开始，从主装线入手，由里向外逐个画出各零件的投影（也可酌情由外向里绘制）。
（5）标注5类尺寸。
（6）编制序号和明细栏及填写技术要求。

根据旋塞轴测图和零件图，按1∶1画出装配草图。

下图为旋塞轴测图。它与管道相接，是流体开关设备。其特点是开关迅速。图中所示为"开启"位置，锥形塞的圆孔 $\phi15$ 对准阀体上面管螺纹孔，这时流体畅通。当锥形塞旋转90°以后，即为关闭位置。为防止泄漏，在锥形塞与阀体之间放入填料（石棉），通过两个螺栓和压盖把填料压紧，填料压紧后高度约为12 mm。

根据装配示意图（装配轴测图）及零件图绘制装配图。

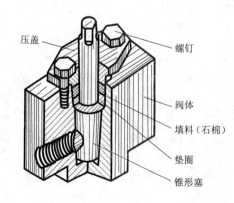

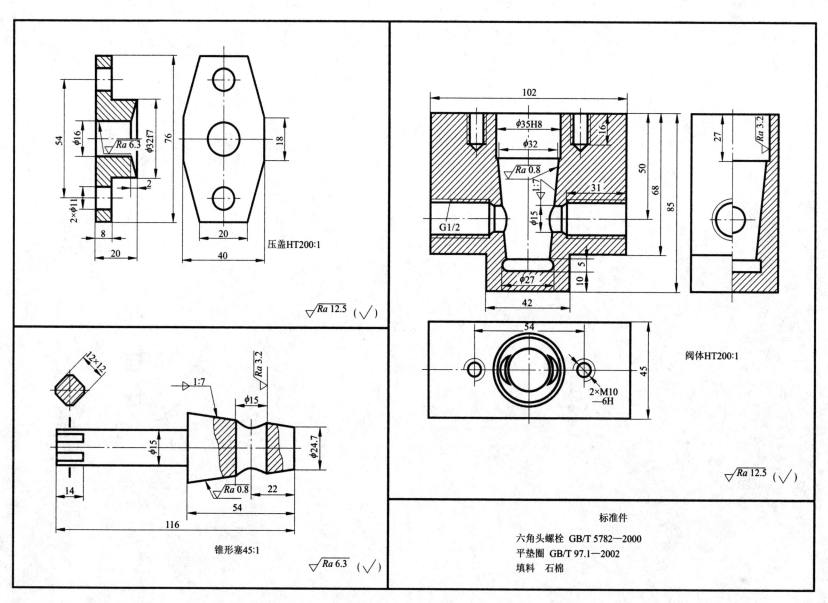

作业2　由零件图画装配图

作业要求：
（1）根据装配示意图和零件图，绘制装配图。
（2）绘制装配图时，图样比例自定。
（3）千斤顶工作原理：千斤顶是顶起重物的部件，使用时只需逆时针方向转动手柄，螺杆就向上移动，并将重物顶起。

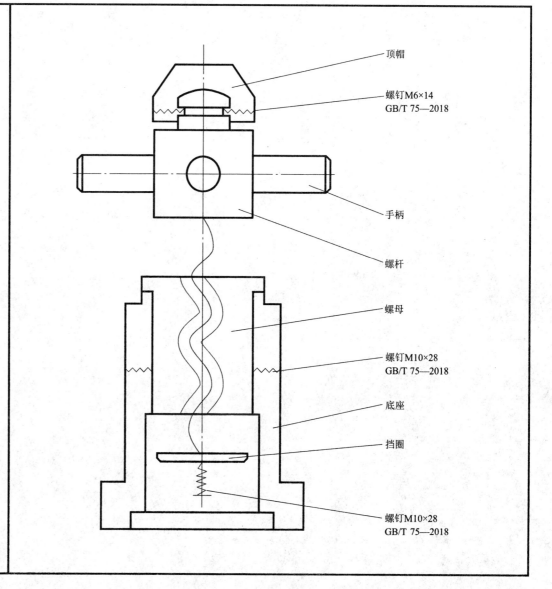

顶帽
螺钉M6×14 GB/T 75—2018
手柄
螺杆
螺母
螺钉M10×28 GB/T 75—2018
底座
挡圈
螺钉M10×28 GB/T 75—2018

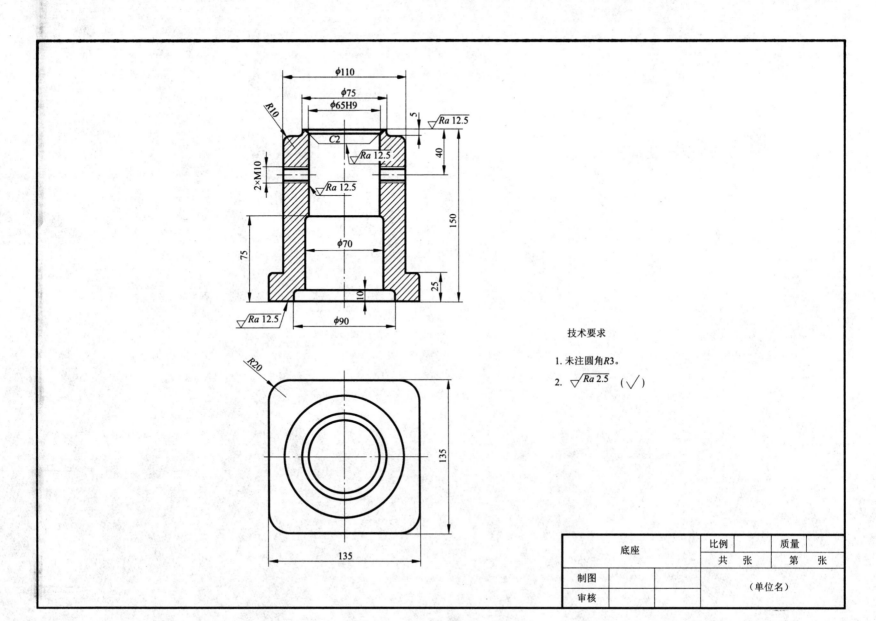

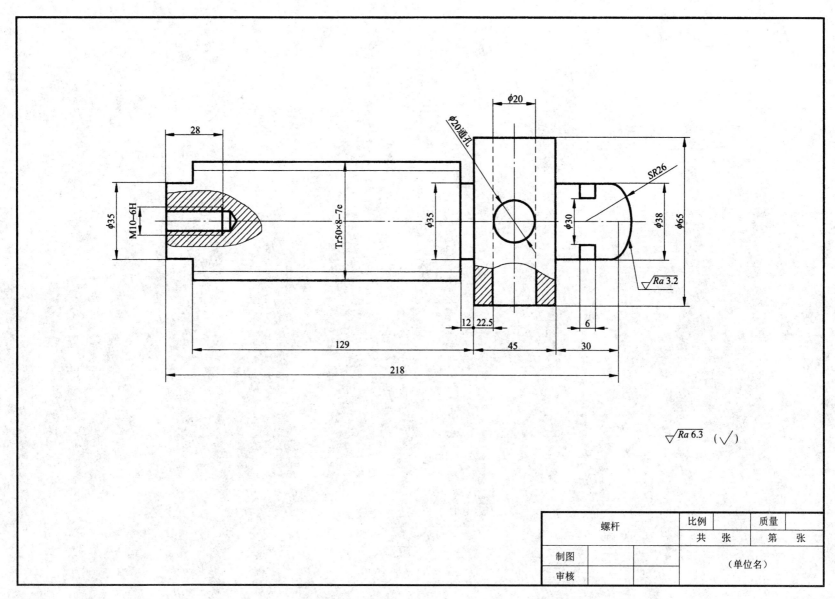

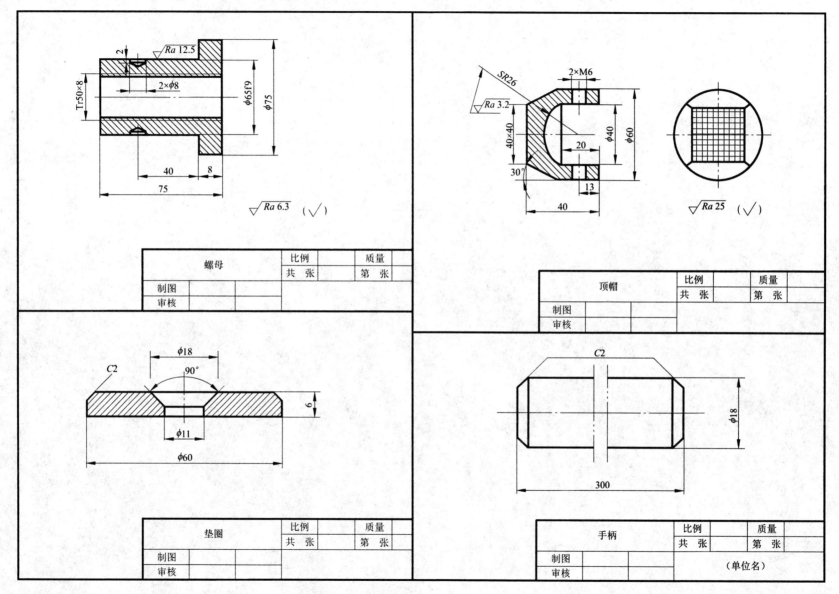

9. 由装配图拆画零件图。

（一）功用
在液压或润滑系统中，运转后不断迫使液体流动，在系统中产生一定的流量和压力。

（二）工作原理
利用一对齿轮的啮合旋转，将液体从进油口吸入，沿相邻两齿与泵体内壁形成的空腔压向出油口，输送到系统中的预定部位。

（三）读图思考题
（1）分析该部件的表达方案，其左视图中采用了什么画法？

（2）该部件的工作原理是如何实现的？在工作状态下，左视图中传动齿轮轴的旋转方向应该如何？若旋转方向相反行不行？

（3）左端盖1、泵体3、右端盖4之间如何定位、连接？

（4）说明该部件拆卸和组装过程。

（5）说明装配图中所注尺寸的类别。

（四）建议拆画零件
1—左端盖
2—泵体
3—右端盖

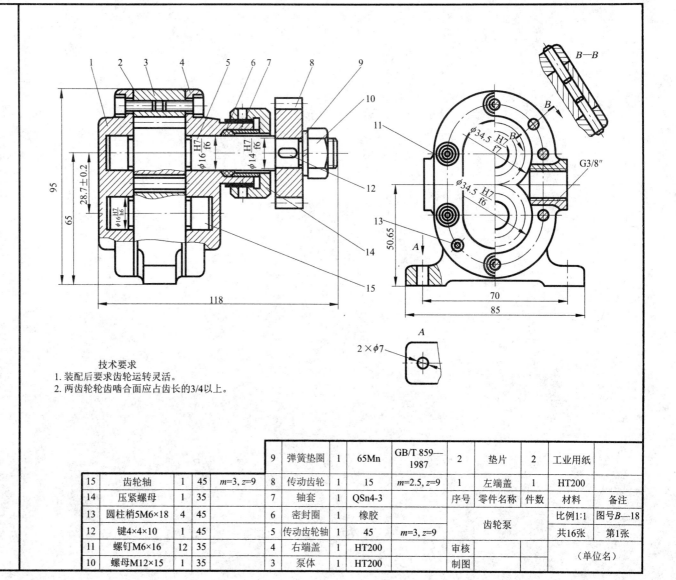

技术要求
1. 装配后要求齿轮运转灵活。
2. 两齿轮齿啮合面应占齿长的3/4以上。

15	齿轮轴	1	45	$m=3, z=9$	8	传动齿轮	1	15	$m=2.5, z=9$	2	1	左端盖		HT200	
14	压紧螺母	1	35		7	轴套	1	QSn4-3		序号	零件名称	件数	材料	备注
13	圆柱销5M6×18	4	45		6	密封圈	1	橡胶		齿轮泵		比例1:1	图号B—18	
12	键4×4×10	1	45		5	传动齿轮轴	1	45	$m=3, z=9$			共16张	第1张	
11	螺钉M6×16	12	35		4	右端盖	1	HT200		审核				
10	螺母M12×15	1	35		3	泵体	1	HT200		制图		（单位名）		

| 9 | 弹簧垫圈 | 1 | 65Mn | GB/T 859—1987 | 2 | 垫片 | 2 | 工业用纸 |

10. 由装配图拆画零件图。
(1) 简述虎钳工作原理。
(2) 简述虎钳拆卸顺序。
(3) 拆画固定钳身的零件图。

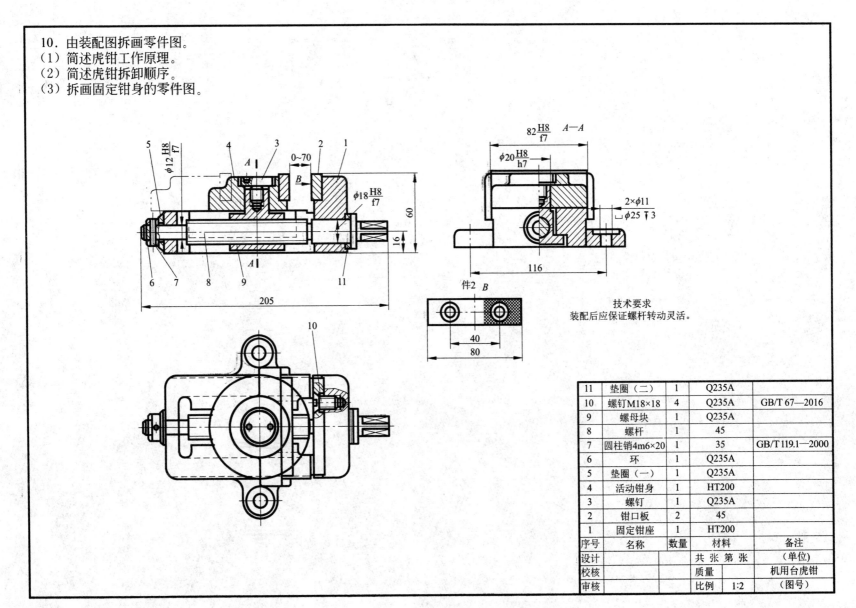

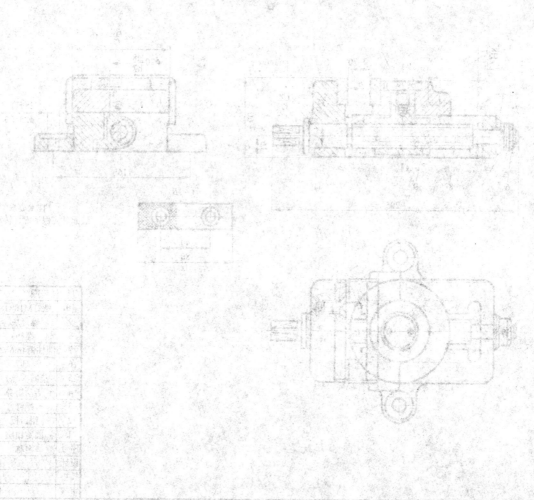

11. 装配工艺结构。

指出并改正局部装配图中的错误（缺漏的图线补画，不要的图线画"×"）

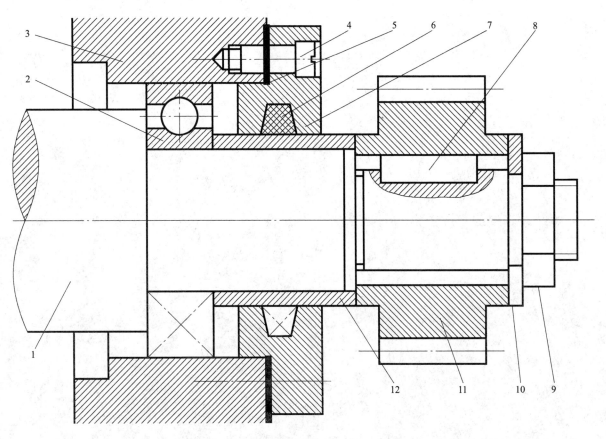

1—主轴；2—轴承；3—机座；4—螺钉；5—垫片；6—毡圈；7—端盖；8—键；9—螺母；10—垫圈；11—齿轮；12—套筒

12. 装配工艺结构。

（1）对比下图所示齿轮传动器的主轴装配线的工艺结构的正误。

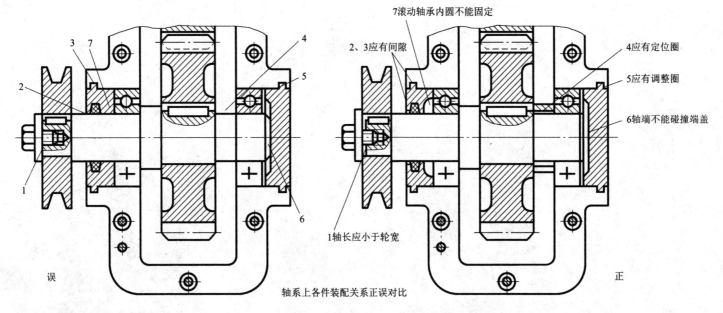

（2）指出下列各图工艺结构的错误处。

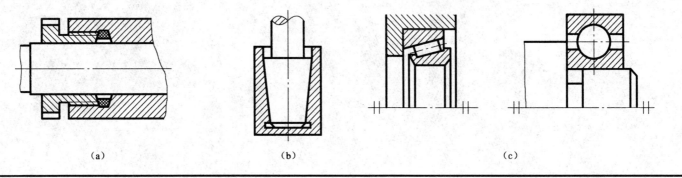

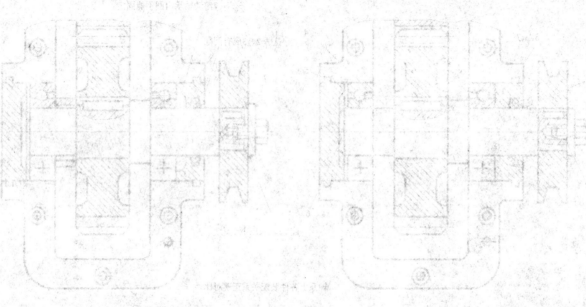

13. 指出各工艺结构的错误。

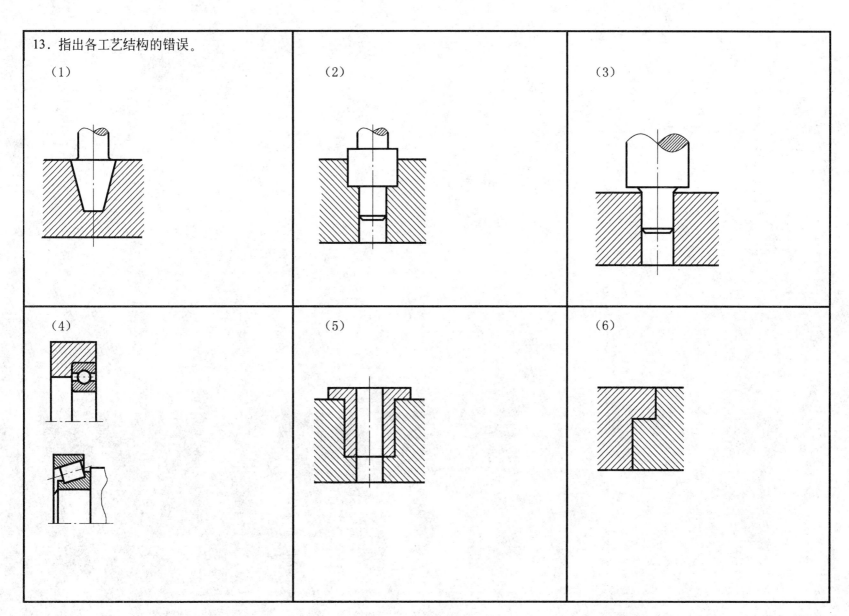

14. 齿轮减速器装配体的测绘。
(1) 齿轮减速器测绘装配示意图。

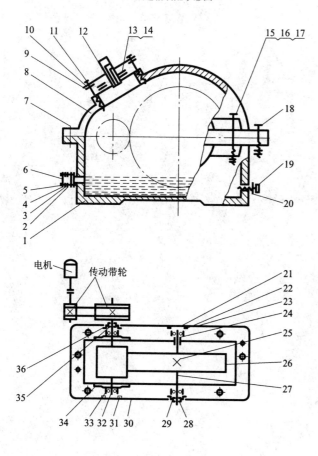

减速箱装配示意图

说 明

左图所示为一单级直齿圆柱齿轮减速箱，输入轴为32，它由电动机通过传动带传动，带输出轴27。电动机的转速经传动带减速后，再由减速箱内的一对齿轮减速，最后达到要求的转速。

轴32和27分别由一对6204和6206滚动轴承支撑，轴承安装时的轴向间隙由调整环22和31调整。

减速箱用润滑油飞溅润滑，箱内油面高度通过油面指示器4进行观察。

通气塞12是为了随时放出箱内油的挥发气体的水蒸气等气体。螺塞19用于清理换油。

技术要求

1. 装配时各零件需用煤油洗净并涂上甘油。
2. 装好后箱内注入工业用45号润滑油，油面使大齿轮2~3个齿浸入油中，电动机1 000 r/min正反转1 h检查浸油、过热、噪声等缺陷，并进行调整或消除。
3. 箱盖与箱座的定位销孔，在装配调整好之后配作，然后装入定位销。箱盖、箱座连接螺栓允许由上向下装。

（2）齿轮减速器测绘零件图。

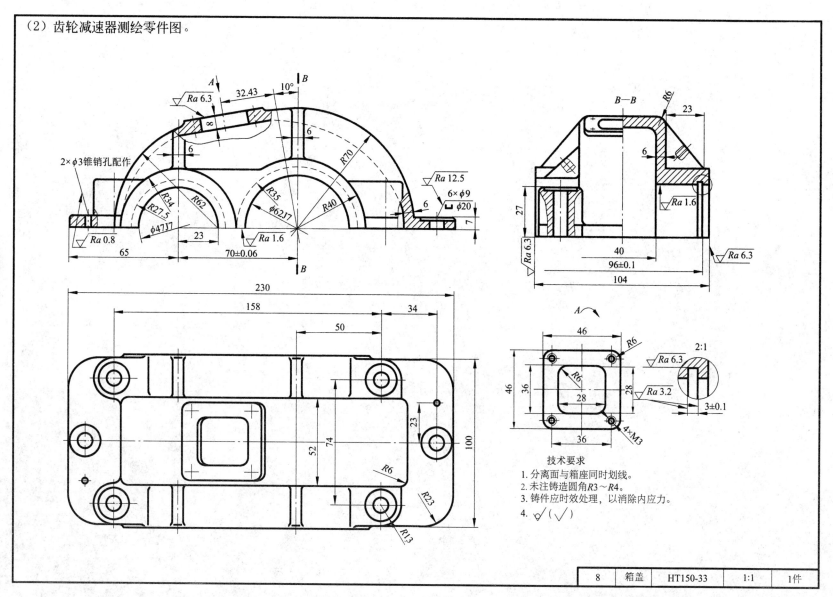

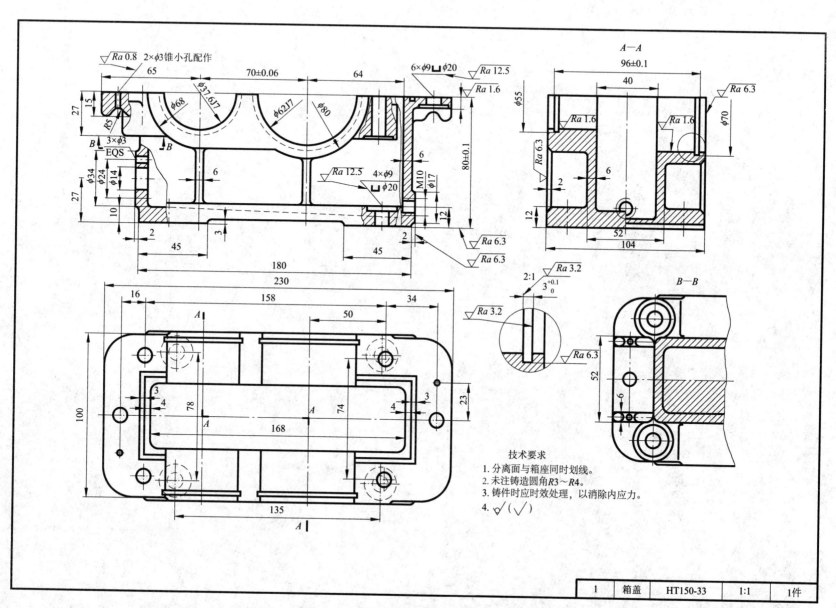

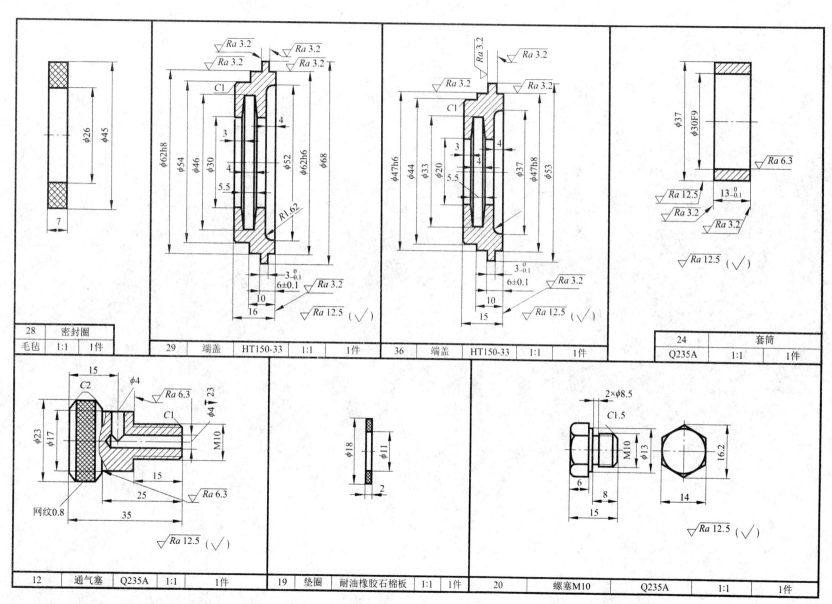

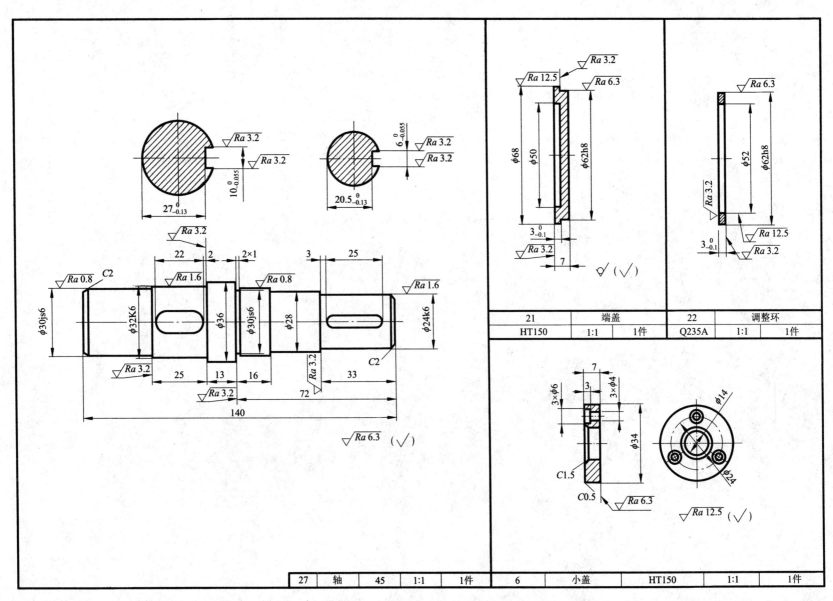

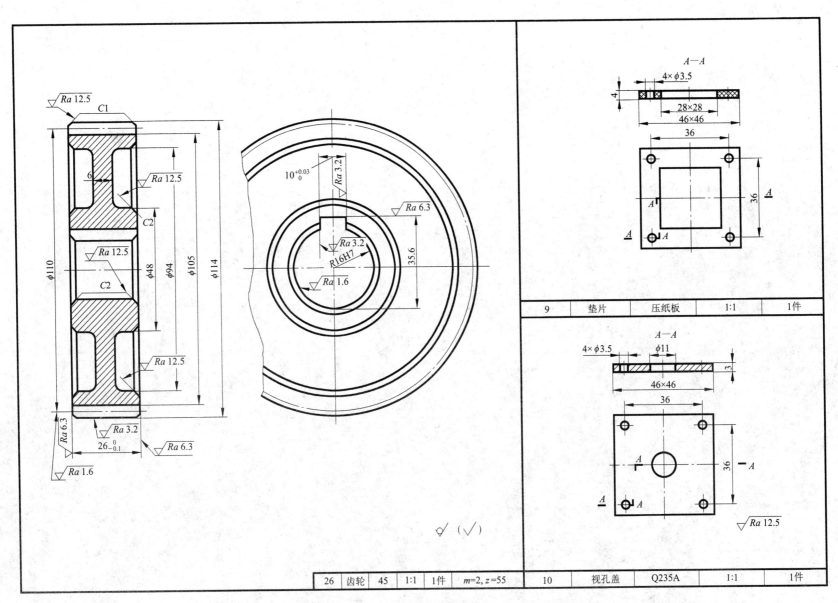

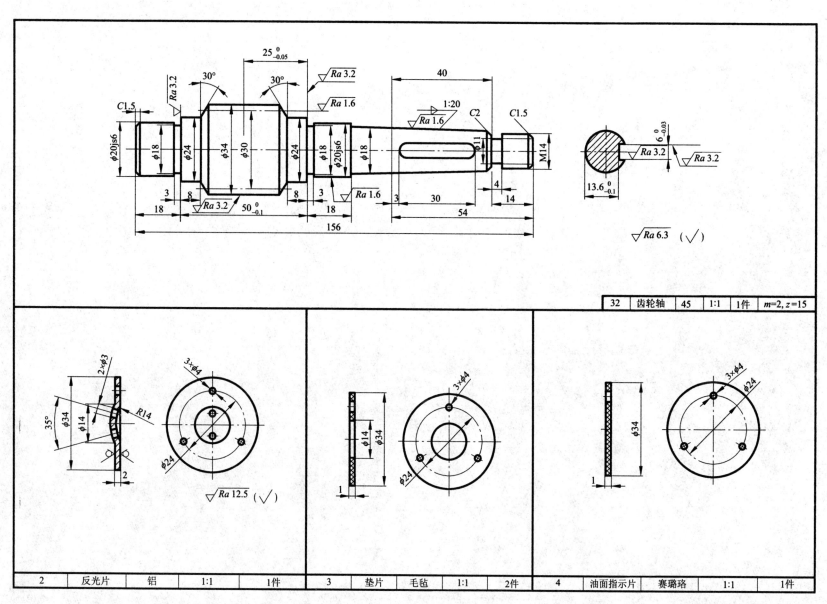

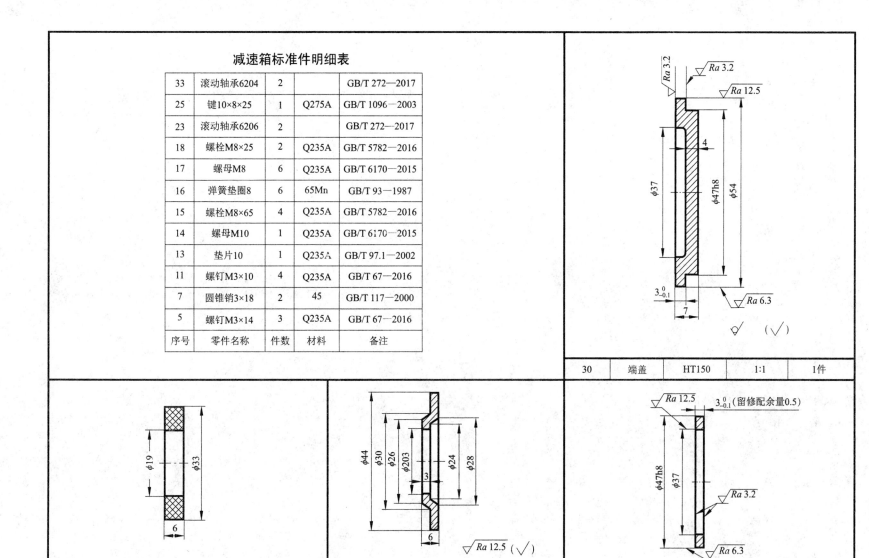